Tiergarten Schönbrunn

Von der Menagerie des Kaisers zu
Helmut Pechlaners Zoo der glücklichen Tiere

Gewidmet
den Tieren in Schönbrunn
und den Menschen,
die für sie sorgen.

•LW•
EDITION

Tiergarten Schönbrunn

Von der Menagerie des Kaisers zu
Helmut Pechlaners Zoo der glücklichen Tiere

Text und Fotos: GERHARD KUNZE

Art-Direction: Manfred Henzl, Tom Schneider
Fotoredaktion: Christiane Kunze
Weitere Fotos: Archiv Tiergarten Schönbrunn,
Grafische Sammlung Albertina (Seite 14), Österreichische Nationalbibliothek (Seite 29)
Grafische Produktion / Repro: M.A.S.H. Manfred Henzl / Christoph Luger
Projektkoordination: Susanne Gastegger
Druck: Holzhausen, Wien
Gedruckt auf chlorfrei gebleichtem Papier: Bilderdruck 135 g
Verlag: •LW• Werbe- u. Verlagsgesellschaft m.b.H., St. Pölten – Wien, Österreich
Geschäftsführung: Erwin Goldfuss
A-3100 St. Pölten, Gutenbergstraße 12,
Tel. ++43-(0)2742/801-1477, Fax ++43-(0)2742/801-1430,
e-mail: np.zeitschriften@noep.at
ISBN-Nummer: 3-9501179-0-3
1. Auflage, Jänner 2000

Dankeschön

Im Dezember 1991, wurde der Gesellschaftsvertrag zur Gründung der Schönbrunner Tiergarten Ges.m.b.H. im Büro des damaligen Wirtschaftsministers Dr. Wolfgang Schüssel unterzeichnet. Für Gerhard Kunze war dies ein Freudentag.

Gerhard Kunze ist Journalist, Fotograf und vor alledem ein emotionsgeladener Freund des Schönbrunner Tiergartens. Ihn fasziniert die Geschichte und das Umfeld der historischen Menagerie genauso wie die Entwicklung in die Zukunft, er mag die Tiere und weiß als Journalist, dass auch die Menschen nur einen Tiergarten mit »glücklichen« Tieren akzeptieren. Gerhard Kunze ist kein Zoologe oder Verhaltensforscher, aber er baut sein Urteil auf die Meinung von Fachleuten, denen er vertraut. Er ist auch kein ausgebildeter Historiker, aber trotzdem bemüht, bisher unbekannte Zusammenhänge aus der Geschichte des Tiergartens aufzuspüren, mögliche Verbindungen herzustellen und vielleicht doch die große Wissenschaft anzuregen, mit ihren Methoden den Geheimnissen auf den Grund zu gehen. Wie sehr ihm nicht greifbare Mystik am Herzen liegt, zeigt Gerhard Kunze zum Beispiel bei seinen unerschöpflichen Additionen und Zahlenspielereien rund um den Schönbrunner Tiergarten.

Aber über alledem erfreut Gerhard Kunze Groß und Klein in aller Welt mit seinen einzigartigen Tier-Fotografien, wobei es ihm ein Anliegen ist, Tiere so darzustellen, dass wir uns gut in sie hineindenken können.

Die Fakten der historischen Entwicklung werden gerade jetzt von Wissenschaftlern unter der Koordination von Univ.-Prof. Dr. Mitchell G. Ash, Institut für Geschichte der Universität Wien, erarbeitet und sollen zum 250-jährigen Bestehen des Schönbrunner Tiergartens im Jahre 2002 publiziert werden. Ich selbst bin dafür eingetreten, dass die Bearbeitung und Beurteilung der vergangenen 30 bis 40 Jahre späteren Generationen vorbehalten bleiben, weil nach meinem Dafürhalten eine objektive Beurteilung von Zeitgenossen kaum möglich ist. Ich zitiere nur das Schlagwort: »Der Sieg hat viele Väter, die Niederlage ist ein Waisenkind.«

Gerhard Kunze schreibt in diesem Buch ganz offen über seine persönliche Sicht der Dinge und ich glaube, dass solche Zeitdokumente wichtig sind. Wenn sich jeder von uns, der sich dem Tiergarten verbunden fühlt, zu einer ähnlichen Niederschrift bemüßigt fühlte, hätten es die Historiker im nächsten Jahrhundert wohl leicht.

Ich freue mich, dass der Schönbrunner Tiergarten wieder in eine gute Zukunft blicken darf. Ich bin dankbar dafür, dass ich in leitender Funktion mitwirken darf, werde aber nicht müde zu betonen, dass die ganz konkrete Arbeit der Mitarbeiter unseres Tiergartens, aber auch die wohlwollende Unterstützung durch Politik, Beamtenschaft, Freunde und Förderer, Tierschutzorganisationen und darüber hinaus der Medien notwendig waren und sind.

Der Journalist Gerhard Kunze hat darüber nicht nur Artikel geschrieben, sondern darüber hinaus dieses Buch gemacht. Dafür bedanke ich mich ganz herzlich.

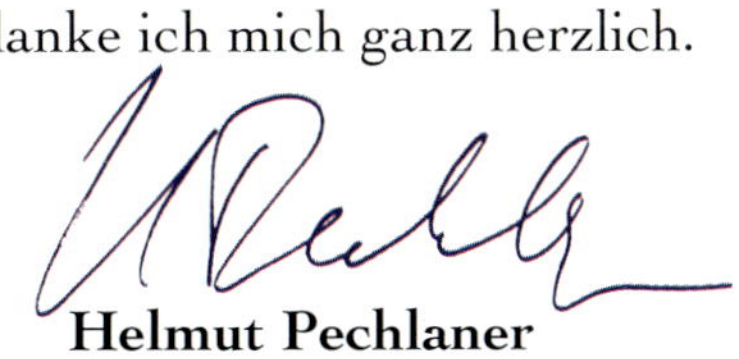

Helmut Pechlaner
Direktor, Tiergarten Schönbrunn

Die Magie von Schönbrunn

1752: Die Gründung des Tiergartens Schönbrunn 15
Die Menagerie des Kaisers 20
Der Feng-Shui-Berater aus China 23
Der Stein der Weisen 25
Verbrannte Diamanten 26
Was 1752 noch geschah 34
Die Neugestaltung Österreichs mit dem Malerpinsel 36
Der Goldmacher des Kaisers 38
Die Botschaft der Schönbrunner Rosenkreuzer 42
Der magische Schutzkreis des Habsburgerreiches 44
Der erste Zoo der Welt 47
1452: Der erste Tiergarten in Wien 54
1552: Der erste Elefant in Wien 56
Die erste Menagerie Europas 58
Maximilian und der Magier 60
Die Löwenbraut 67
Prinz Eugen und seine Menagerie im Schloss Belvedere 74
Der Tod des Prinzen 76
Das Hetztheater 78

Napoleon, Biedermeier, Kaiserzeit

Napoleon in Schönbrunn 87
Die erste Giraffe in Wien 88
Kaiser Franz Joseph I., der morgendliche Fremdgeher 94
Kaiserlicher Sex um sechs bei Regen im Tirolergarten 96
Papier für die Mähnenschafe, Torte für Affen 99
Drei Glockenschläge für den Kaiser 101
Der Paradiesvogel 103
Kaiserliche Tierspender 104
Sisis Kühe und die Tierärzte von Schönbrunn 109
Erste Elefantengeburt in einem Zoo 115
Tiergarten-Jubiläum und ein Elefantenbaby 117

Tiergarten in Not

Kriege, Bomben, Trümmer: Erster Weltkrieg ... 125
Nach dem Ersten Weltkrieg 128
Bomben auf Schönbrunn 131
Russen helfen im Zoo 132
Ein Zoo im Käfig der Bürokratie 146
Schönbrunn: Ein Tier-KZ 149
Die einsame Jumbo: Ein Elefant rettet den Tiergarten 150
Die Projekte des Bundes 159

Dr. Pechlaner und die Zukunft

Neubeginn mit 240 Jahren 167
Zoo der glücklichen Tiere 170
Das Tirolerhaus in Schönbrunn 174
Nonja Superstar: Geld durch Bildverkäufe! 181
Nonja, ein Kind aus Schönbrunn 185
Nonja als medizinische Weltpremiere 187
Forschung im Tiergarten 188
Das Regenwaldprojekt 194
Auffangstation für verlassene, verwaiste, beschlagnahmte Tiere 196
Tierpfleger, ein Beruf, den man nicht lernen kann, aber muss 199
Die Wirtschaft entdeckt den Tiergarten 200
Partner des Tiergartens – Sponsoren und Paten 203
Der Tiergarten Schönbrunn »auf Krankenschein« 206
Was den Tieren schmeckt – Futterverbrauch in Zahlen 1998 208
Die Zooschule von Schönbrunn 210
Frohe Feste – liebe Gäste 212
Die Leute, die den Tiergarten machen 214
Orientierungsplan 215
Schönbrunn aus der Luft – Gemälde von Ingrid Schultus-Fögert 216
Zeittafel und die bisherigen Leiter des Tiergartens 218
Der Verein der Freunde des Tiergartens Schönbrunn 220

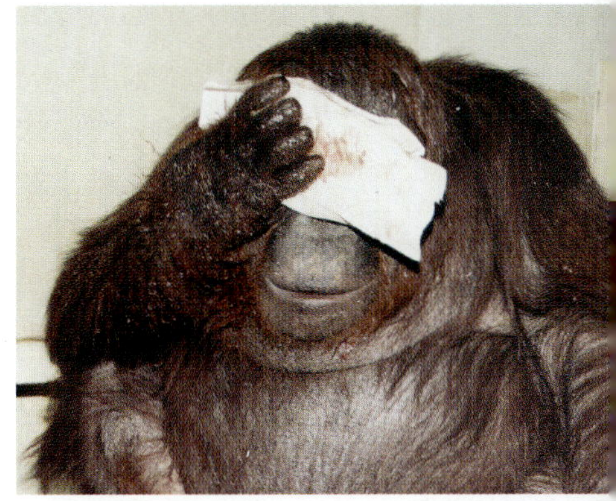

Willkommen im Tiergarten Schönbrunn,

dem ältesten Zoo der Welt

Die Eisbären Coca, Cola, Sven und alle anderen Tiere freuen sich auf Ihren Besuch im Tiergarten Schönbrunn.

Afrikanische Elefanten

Geparde

Giraffen vor dem Kaiserpavillon

In Schönbrunn fühlen sich die Besucher genauso wohl wie die Tiere.

Mähnenrobbe

Schönbrunn bietet den Tieren Lebensräume, in denen sich die Tiere »zu Hause" fühlen.

Axishirsche

Erdmännchen

Roter Sichler

Mähnenspringer

Trampeltier

Katta, Halbaffe aus Madagaskar

Seehund

Schmutzgeier

Krauskopfpelikan

Der kleine Panda gehört wie sein großer Verwandter (WWF-Panda) zu den gefährdeten Tierarten. In Schönbrunn übernahm die Tierschutzaktion »Blauer Kreis« die Kosten für ein neues Gehege. Der Tiergarten konnte sich dadurch am europäischen Erhaltungszuchtprogramm EEP erfolgreich beteiligen: Bereits zweimal gab es Nachwuchs.

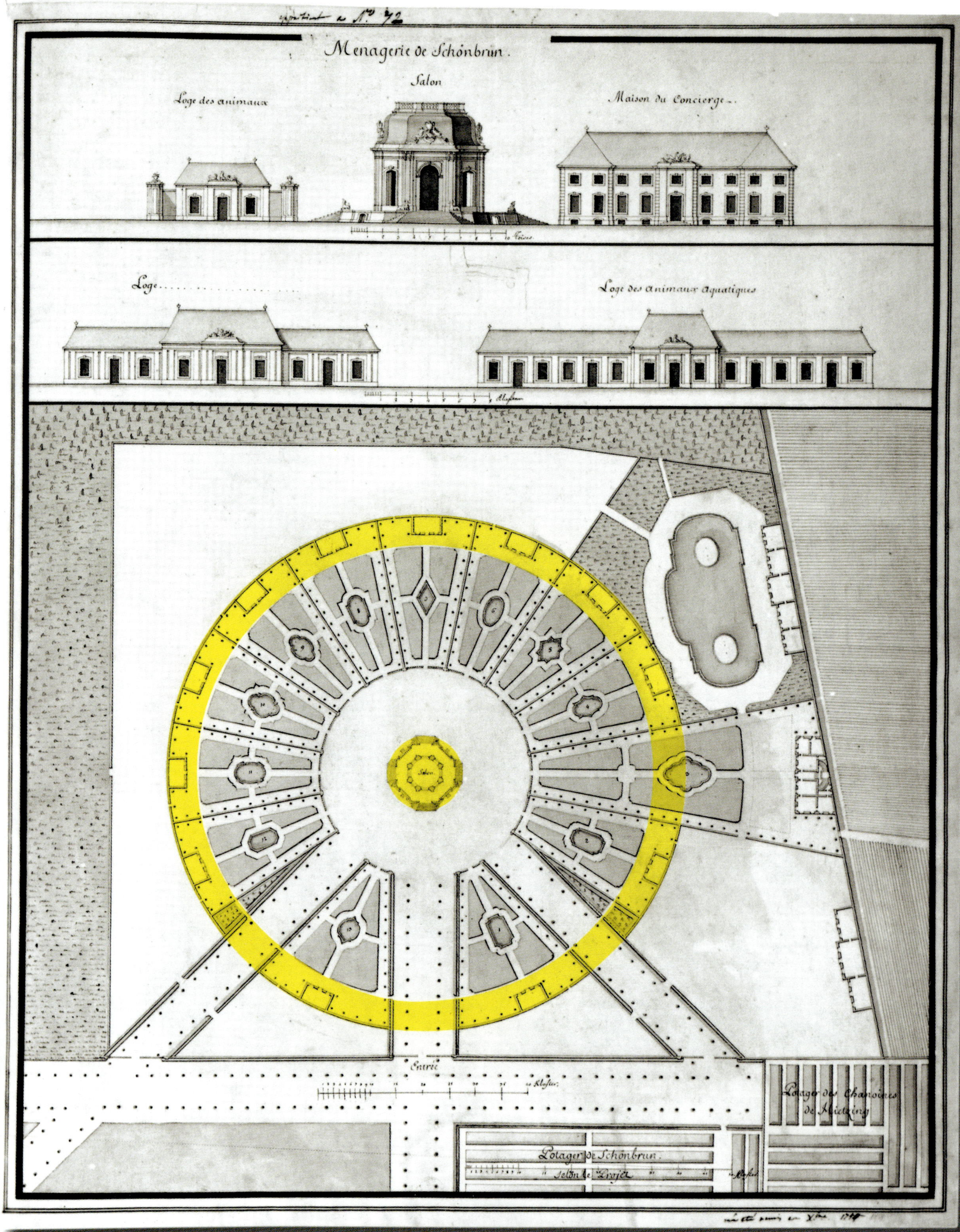
Menagerie de Schönbrun.
Salon
Loge des animaux
Maison du Concierge
Loge
Loge des animaux aquatiques
Entrée
Potager des Chanoines de Hietzing
Potager de Schönbrun
Selon le Projet

1752: Die Gründung des Tiergartens Schönbrunn

Die Sonne hatte den Zenit bereits überschritten und sandte ihre Strahlen nun von Südwesten auf das Schloss Schönbrunn. Dadurch kamen die Vorsprünge, Verzierungen und kunstvollen Statuen an der Südfront des prächtigen Bauwerks besonders gut zur Geltung.
Das Rot des Daches bildete einen starken Kontrast zum Blau des Himmels, der freundlich herunterlachte. Die grünen hölzernen Fensterläden waren teilweise geschlossen, damit die Hitze des Tages abgehalten würde und die Temperatur in den prunkvoll ausgestalteten Innenräumen angenehm kühl bliebe. Denn Kaiserin Maria Theresia wollte einen kühlen Kopf bewahren. Sie hatte hier ihren Regierungssitz aufgeschlagen und war dabei, gemeinsam mit ihrem Gatten, Kaiser Franz I. Stephan von Lothringen, Österreich nachhaltig zu modernisieren.
Staatliche Fürsorge, Einführung der Schulpflicht, Gründung von Wohlfahrtseinrichtungen und Krankenhäusern, Vereinheitlichung des Steuerrechts, Vermessung des Landes, Trennung der Rechtspflege von der Verwaltung, Abschaffung der Folter, Förderung der Wirtschaft und Bildung für die Bürger, Zurückdrängung von Kirche und Adel und viele andere Reformen standen auf dem Programm.
Vom Fenster ihres chinesischen Rundkabinetts, in dem sie ihre geheimen Besprechungen abzuhalten pflegte, konnte die Kaiserin auf prächtige Blumenbeete blicken; in kunstvoller Anordnung leuchteten zahllose Blüten. Und sie konnte auch in die Allee sehen, wo gerade eine elegant gekleidete Gesellschaft in fröhlicher Erwartung zu den neuen Tieranlagen spazierte. Man schrieb den 31. Juli 1752 und die Sonne stand im Zeichen des Löwen.
»Nachmittags führte der Kaiser einige Zuseher nebst denen älteren jungen Herrschaften in die auf seine eigenen Spesen in dem Schönbrunner Park erbaute Menagerie«, notierte darüber Fürst Johann Josef Khevenhüller-Metsch, der kaiserliche Obersthofmeister, in sein Tagebuch, denn mit dieser ersten Führung durch die Menagerie wurde die Gründung des Tiergartens Schönbrunn offiziell besiegelt.
Wer die »Zuseher« waren, ist nicht überliefert, aber die »jungen Herrschaften« kennt man; es waren die Kinder des österreichischen Herrscherpaares.

Kaiserin Maria Theresia und der Plan (links) der Schönbrunner Menagerie, die ihr Gatte, Kaiser Franz I. Stephan von Lothringen, aus eigenem Geld erbauen ließ.

Mit der Bezeichnung »ältere junge Herrschaften« meint der Obersthofmeister die bereits größeren Kinder des Herrscherpaares: die vierzehnjährige Maria Anna, den elfjährigen Joseph (der spätere Kaiser Joseph II.), die zehnjährige Marie Christine und die neunjährige Elisabeth.

Den siebenjährigen Karl Joseph, die sechsjährige Maria Amalia, den fünfjährigen Leopold (der spätere Kaiser Leopold II.) hätte Fürst Khevenhüller wohl nicht als »ältere junge Herrschaften« bezeichnet; sie waren bei dieser ersten Menageriebesichtigung wohl bei der einjährigen Maria Josepha im Schloss geblieben. Die anderen Kinder des Kaiserpaares waren zu dieser Zeit noch nicht geboren.

Die ersten Tiere waren schon zwei Tage zuvor angekommen und vom Kaiser sofort besichtigt worden, »meist Geflügel aus Holland«, so der Obersthofmeister in seinem Tagebuch, worin er auch notierte, dass der Herr mit viel Geduld die meisten Anordnungen selbst gab und bis zu fünf Stunden bei den Tieren zubrachte; »gehet wohl auch zweimal des Tages da hin, weil er ein ganz besonderes Amusement dabei findet«.

In der nächsten Zeit füllte sich die Menagerie mit Tieren, und der Kaiser verbrachte jede freie Minute damit, sie zu beobachten. Auch als es am 13. August 1752 mit der Geburt von Maria Theresias zehntem Kind – Maria Karoline – ernst wurde, musste der Kaiser von einem eilig nachgerittenen Sattelknecht aus der Menagerie geholt werden.

Voll Stolz führte der Kaiser immer wieder Gäste zu seinen Tieren oder gestattete die Besichtigung, wie etwa am 3. Oktober 1752 den Knaben der von Maria Theresia 1746 gegründeten Adelsakademie Theresianum: Die jungen Herren wurden nach zufrieden stellender Audienz bei Franz Stephan auf dessen kaiserlichen Befehl in die Menagerie geführt, was als »ganz besondere Gnade« angesehen wurde.

Der geheimnisvolle Pavillon des Kaisers im historischen Kernstück des Schönbrunner Tiergartens. Im prächtigen Deckengemälde wird der »Stein der Weisen« und das alchemistische Bestreben, die Dinge zu verwandeln, symbolhaft dargestellt.

Die Menagerie des Kaisers im Schlosspark zu Schönbrunn nach Fertigstellung des Pavillons im Jahre 1759. In der kreisförmigen Anlage um den Pavillon sehen wir zwölf Abteilungen, Logen genannt, die für Tiere eingerichtet wurden, und eine dreizehnte für die Menschen. Hier befindet sich auch das Gebäude, in dem heute die Direktion des Tiergartens untergebracht ist. Auch den Teich mit den zwei Inseln gibt es bereits seit der Gründung des Tiergartens. Hier leben jetzt Affen, Erdmännchen und Nasenbären. Eine gelbe Mauer umschloss die Anlage, zu deren Zentrum drei Alleen führen. Im rechten unteren Teil des Bildes sehen wir die Glashäuser, in denen der Kaiser die Pflanzenwelt erforschte. Hier befindet sich heute das Palmenhaus. Die Tiroler Künstlerin Ingrid Schultus-Fögert malte dieses Bild nach dem Plan, den der Architekt Nicolas Jadot de Vill-Issey im Jahre 1751 für den Kaiser gezeichnet hat.

Die Menagerie des Kaisers als Tarnung für geheimes Wissen und Denkfabrik für kühne Reformen

Die Errichtung einer Menagerie direkt beim Schloss Schönbrunn war dem naturwissenschaftlich interessierten Kaiser schon lange ein Anliegen, denn die alte Menagerie im Schloss Neugebäude in Simmering war von Schönbrunn aus nur unbequem zu erreichen und außerdem beschädigt.

Schon 1740, als der türkische Botschafter ein Kamel nach Wien brachte, fand man keinen geeigneten Platz dafür.

Als 1750 aus Holland auch noch ein Nashorn eintraf, wurde der Bau der Menagerie beschlossen. Außerdem hatte der Kaiser mittlerweile geheime Pläne gefasst, für die er eine Anlage benötigte, wie sie ihm bisher nicht zur Verfügung stand.

1751 lieferte der Architekt Nicolas Jadot de Vill-Issey dem Kaiser die Baupläne, die im darauf folgenden Jahr ausgeführt wurden.

Im Kreis um einen Pavillon (der allerdings erst 1759 fertig wurde) wurden zwölf Abteilungen, Logen genannt, für die Tiere eingerichtet; genauso viele, wie es Tierkreiszeichen in der Astrologie gibt.

Die Kaiserin am Maria Theresien-Taler: Die Münze wurde 1751 eingeführt und zeigt seit 1780 das Altersbildnis der Kaiserin mit Witwenschleier. Bis 1858 galt er in Österreich als Währungsmünze und ist noch heute in weiten Teilen Afrikas und Ostasiens als Nebenwährung beliebt. Er wird auch heute noch in stempelgleicher Prägung hergestellt. Seine Beliebtheit beruht auf seinem stets gleich bleibenden Silbergehalt und der künstlerischen Gestaltung.

Jede Loge war von der anderen durch eine Mauer getrennt und von vorn durch ein hohes Gitter zu besichtigen.

Am hinteren Ende jeder Loge befand sich ein Häuschen als Nachtquartier für die Tiere. Sechs davon sind noch heute erhalten.

In der Mitte jeder Loge gab es ein kleines gemauertes Wasserbecken, zu dem vier Wege führten. Entlang der Trennmauern wurden Baumreihen gepflanzt.

Außerhalb des Kreises kamen noch ein Teich mit zwei Inseln und zwei lang gestreckte Gebäude als Volieren (franz. = Vogelhäuser) dazu.

Die 13. Loge war für die Menschen vorgesehen: ein dreigeschossiges Gebäude, davor eine Parkanlage mit Zierbrunnen. Hier befindet sich heute die Direktion des Tiergartens.

Auf drei mit Bäumen eingefassten Straßen gelangte man ins Zentrum der Menagerie. Diese Alleen wurden so geplant, dass ihr Grundriss ein Dreieck ergibt, an dessen Spitze sich der Pavillon des Kaisers befindet.

Diese Anordnung ist fast komplett erhalten geblieben und bildet heute das historische Kernstück des Schönbrunner Tiergartens.

In ganz Europa wurden nun Tiere für die Menagerie in Wien erworben.

Um auch exotische Tiere in seiner Sammlung zeigen zu können, beauftragte Franz Stephan schließlich den jungen niederländischen Botaniker Nikolaus Jacquin mit einer Expedition nach Übersee, von wo dieser viele lebende Tiere und Pflanzen sowie 67 Kisten mit Mineralien – darunter das erste Platin – mitbrachte.

Der achteckige Pavillon, den Franz Stephan im siebenten Jahr nach der Eröffnung

der Menagerie errichten ließ, steht im Mittelpunkt der kreisförmigen Anlage auf einem quadratischen Sockel, an dessen Ecken neunstufige Treppen emporführen.
Er war schon im Bauplan von 1751 vorgesehen und in seinem Aussehen genau geplant. Im Inneren befinden sich, von kostbaren Holztäfelungen umrahmt, acht große goldverzierte Spiegel, die das Tageslicht auffangen, das durch die miteinander abwechselnden Türen und Fenster (je vier) fällt, es mit der Spiegelung des Goldes vermischen und dann im ganzen Raum verteilen, so dass es hier auch an trüben Tagen sonnig zu sein scheint.
Über den Türen und Fenstern befinden sich zwölf Ölbilder mit der Darstellung von 30 Tieren, die sich in der Menagerie befunden haben: sieben Säugetiere und 23 Vögel.
An der gewölbten Decke sehen wir ein großes Fresko des Tiroler Malers Ignaz Mildorfer mit der Darstellung eines fröhlichen Rundtanzes mythischer Gestalten um einen großen dreigeteilten Stein: Eine Darstellung der Verwandlung von Menschen in Tiere, entsprechend den antiken Sagen von Göttern und Menschen, Planeten, Tieren und Pflanzen, wie sie Ovid, der römische Dichter, in seinen »Metamorphosen« beschrieben hat.
Es sind fröhliche, unbeschwerte Szenen, deren tieferer Sinn erst klar wird, wenn man die tatsächliche Aufgabe dieses Pavillons und der gesamten Menagerie erkannt hat.
Heute wissen wir, dass im Grundriss und den einzelnen Bauten dieser Anlage das hermetische Lehrbild dargestellt wird, weltweit in seiner Vollkommenheit einzigartig!
Hermetik steht für Alchemie, abgeleitet von der griechischen Bezeichnung für den Mondgott (Thot) der Ägypter und dem Erfinder der Magie und Alchemie, dem griechischen Gott Hermes

Das Denkmal von Kaiser Franz I. Stephan: Nach dem Tod ihres Gatten ließ Maria Theresia dieses Denkmal im Kaiserpavillon aufstellen. Heute steht es im Schlosspark, gegenüber dem Palmenhaus, wo sich einst die Blumenbeete und Gewächshäuser des Kaisers zur Erforschung der Pflanzenwelt befanden.

Der geheimnisvolle Pavillon des Kaisers ist heute ein erstklassiges Restaurant mit einzigartigem Ambiente, das sich auch als Veranstaltungsort für stimmungsvolle Konzerte und Abendveranstaltungen großer Beliebtheit erfreut. In den darunter liegenden Gewölben, in dem einst das Labor war, in dem der Kaiser Gold machen wollte, befindet sich heute die Küche des Restaurants, in dem Küchenchef Wanjura für köstliche Speisen sorgt.

Trismegistos, der die gleichmäßige Ordnung im Weltganzen repräsentiert und dadurch zum Schutzgott der Naturgesetze wurde. Im weiteren Sinne werden damit auch alle Geheimwissenschaften bezeichnet.

Unter Alchemie versteht man die – von einer geheimnisvoll-verbotenen Aura umgebene – Lehre vom Sinn und Wesen der Schöpfung, von der Stellung des Menschen in Natur und Kosmos und den Wandlungen, denen beide unterworfen sind.

Höchstes Ziel ist die Herstellung des »Steins der Weisen«, des »lapis philosophorum«, mit dessen Hilfe die Transmutation, die Verwandlung unedler Metalle in Gold, aber auch die Einsicht in das innere Wesen der Schöpfung möglich sein soll.

Das Dreieck symbolisiert corpus, anima und spiritus, also Körper, Seele und Geist, und führt zum »Stein der Weisen«, der im Deckengemälde zu sehen ist. Das Quadrat, auf dem der Pavillon steht, ist das Symbol der vier Elemente, nebst den entsprechenden Tugenden, die als Köpfe oberhalb der Türen zum Pavillon dargestellt sind: Weisheit, Tapferkeit, Besonnenheit und Gerechtigkeit (nach Platon). Um dieses Quadrat schließt sich der Kreis mit den zwölf Tierkreiszeichen. Der Pavillon selbst ist achteckig, denn Acht ist das Zeichen des ewigen Kreislaufes, Symbol der Macht, Sinnbild der Weihe, Rettungs- und Glückszahl. Auch die Taufbecken in den frühen Kirchen waren achteckig.

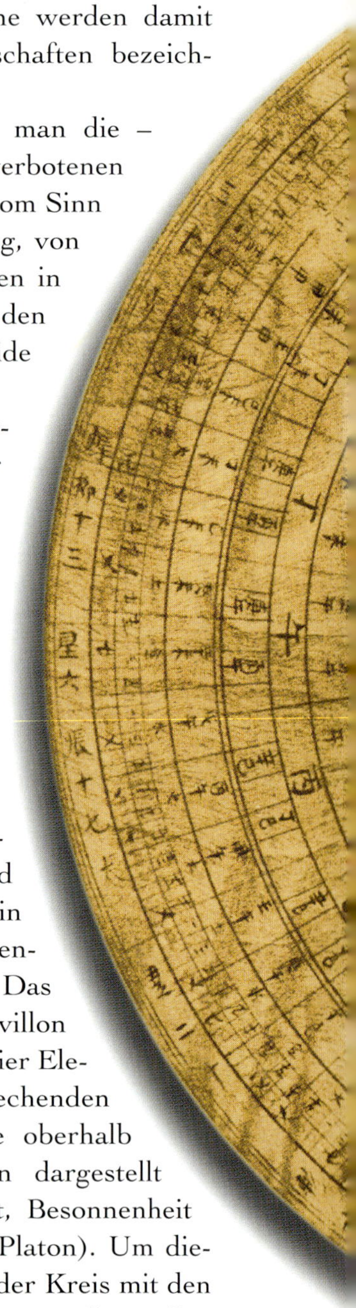

Der Feng-Shui-Berater aus China

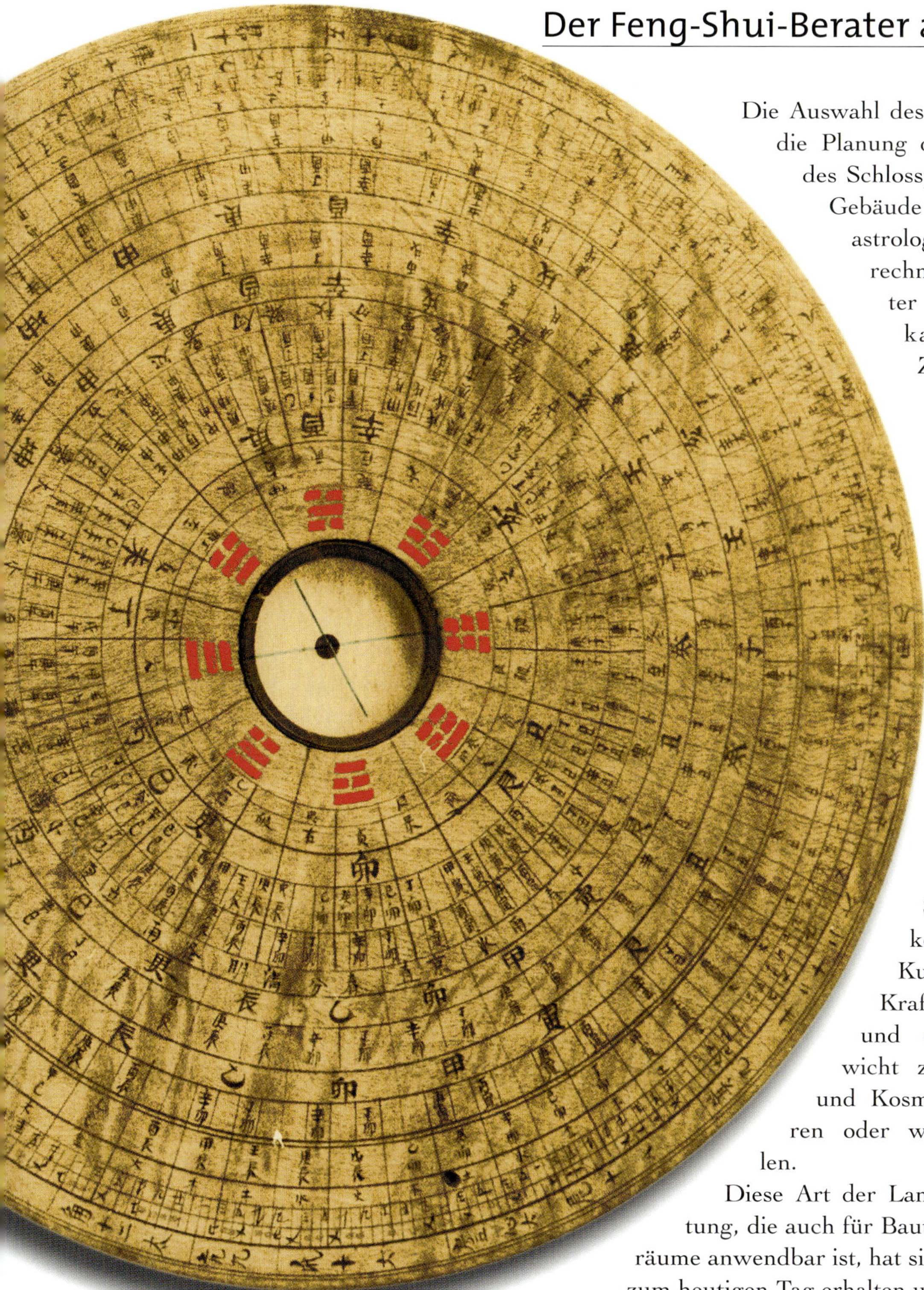

Die Auswahl des Standorts und die Planung der Menagerie, des Schlossparks und aller Gebäude erfolgten nach astrologischen Berechnungen und unter Einbeziehung kabbalistischer Zahlenmagie und esoterischem Wissen, nach damals geheimen oder in Europa kaum bekannten Regeln.

Insbesondere ist die Anwendung der chinesischen Geomantie, des »Feng-Shui«, zu erkennen, der Kunst, »Orte der Kraft« zu finden und das Gleichgewicht zwischen Erde und Kosmos zu bewahren oder wiederherzustellen.

Diese Art der Landschaftsgestaltung, die auch für Bauten und Wohnräume anwendbar ist, hat sich in China bis zum heutigen Tag erhalten und schickt sich an, auch die westliche Welt zu erobern.

Man verwendet dazu einen eigenen »Feng-Shui«-Kompass, der neben magnetischen

Feng-Shui-Kompass aus dem Völkerkundemuseum in Wien: Chinesische Geomanten benutzen diese Geräte zur Bestimmung korrekter Standorte für Häuser und andere Anlagen: Rund um den Kompasskopf befinden sich Informationen zu Astrologie, geografischer Ausrichtung, Landschaftsformationen und Symbole aus dem I-Ging, dem altchinesischen Buch der Wandlungen.

und astrologischen auch magische Kräfte miteinbezieht.
Denn nach chinesischer Vorstellung werden alle Dinge von einem inneren Wesen am Leben erhalten: es ist Ch'i, die Lebenskraft, bestehend aus den Energieströmen Yang (männlich) und Yin (weiblich).
Diese Energieströme findet man im ganzen Universum; Himmel und Erde, Tag und Nacht, Leben und Tod, Hitze und Kälte, positiv und negativ.
Mit »Feng-Shui« wird der Versuch unternommen, diese Kräfte im Gleichgewicht zu halten und zusätzliche, verborgene Kräfte zu Tage treten zu lassen.
In Schönbrunn hatte diese Methode offensichtlich Erfolg, denn bis heute haben Park und Tiergarten ihre Anziehungskraft nicht verloren.
Außerdem zeigt sich nun, dass die 1752 in der Menagerie errichteten Logen in ihrer Größe auch heutigen Ansprüchen der Tierhaltung gerecht werden, während die meisten später gebauten Anlagen immer wieder verändert und teilweise aufgelassen werden mussten.
Die Beziehungen zwischen Wien und dem Kaiserhof in Peking dürften wesentlich intensiver gewesen sein, als bisher bekannt war.
Als man 1994 im Schloss Schönbrunn die »Vieux-laque-Tafeln« im »Alten Lackraum« – angeblich Maria Theresias Lieblingszimmer – von chinesischen Experten restaurieren ließ, stellte sich heraus, dass die Tafeln, die man als Wiener Fälschung in Verdacht hatte, mit Geheimzeichen versehen sind, die beweisen, dass sie von einem Hochmeister der kaiserlichen Werkstätte in Peking, aus der Zeit Maria Theresias, stammen.
Vom Kraftpunkt Schönbrunn war auch der Feng-Shui-Meister Jes Lim beeindruckt, der am 9. 9. 99 um neun Uhr und neun Minuten, im Zentrum des rekonstruierten Irrgartens, gleich neben dem Neptuneingang des Tiergartens, zwei Harmoniesteine »energetisch auflud«. Diese Steine sollen nun bei Umarmung Kindersegen bringen oder zerrüttete Partnerschaften wieder kitten.
Ist Schönbrunn ein magisches System, das bis in die Gegenwart wirkt?

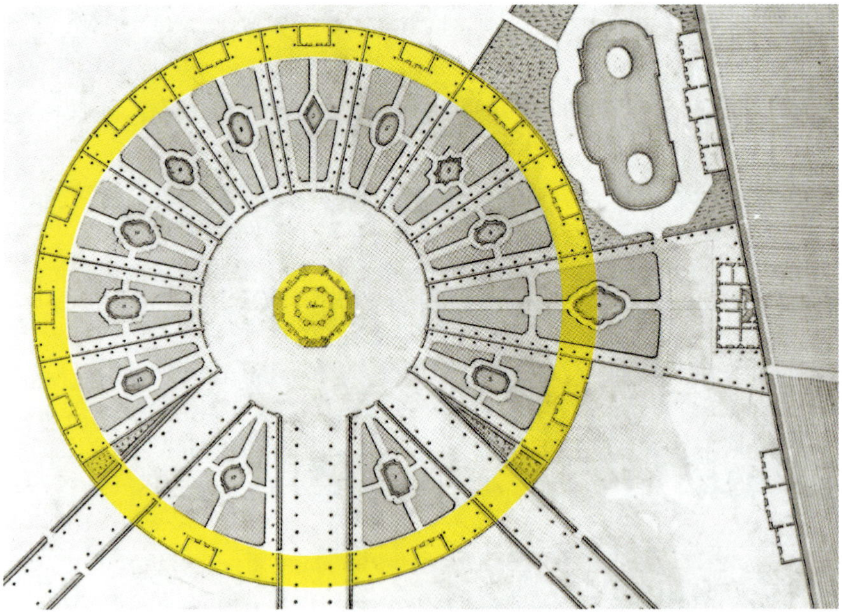

Der Tiergarten Schönbrunn und der gesamte Schlosspark sind ein positiver Kraftpunkt, der vom Kaiser gezielt gesucht und einzigartig ausgestaltet wurde, so dass seine erfreuliche Wirkung bis heute nicht verloren ging.

Der Stein der Weisen, die Weltformel und die Macht der Gedanken

Kaiser Franz I. Stephan war ein tüchtiger Mann, der schon in den Jahren vor der Menageriegründung sehr erfolgreich, mit zumeist ererbtem Geld, landwirtschaftliche Mustergüter und neue Industrien geschaffen und eine besonders geschickte Hand in Finanzdingen bewiesen hatte. Außerdem förderte er Kunst und wissenschaftliche Forschung.

1748 hat er mit einer aus 30.000 Objekten bestehenden Naturaliensammlung die Grundlage für das erste Museum im Sinne der Aufklärung geschaffen – das Wiener Naturhistorische Museum.

Seinen Kindern war er ein vorbildlicher und gütiger Vater. Er schärfte ihnen ein, dass »der Platz, auf den wir gestellt wurden, von Gott gewählt wurde und es daher unsere Pflicht sei, die gestellten Aufgaben zu bewältigen, vor allem aber ohne Stolz, denn es gibt keinen Grund, sich über eine hohe Geburt aufzuplustern, da dies eine Sache des Zufalls ist«.

Er selbst verbarg sein wahres Ich hinter einer Maske; und unter charmantem Geplauder widerstand er den Versuchungen des Alltags. Sein Ziel war es, wie ein Einsiedler zu leben, der seine Einsiedelei stets mit sich trägt und so mitten im größten Lärm und Trubel einen Platz findet, »um sich auf sich selbst zu besinnen und den Schöpfer und seine Werke und die weise Vorsehung zu bewundern«, wie er in seinem hundertfünfzig Seiten starken Manuskript »Der Einsiedler in der Welt« festhielt.

Es überrascht deshalb auch nicht, dass die Menagerie noch tiefere Bedeutungen hat, als man im ersten Moment zu erkennen glaubt.

Bartkauz, aus der Familie der Eulen, im Tiergarten.

Lamas aus dem Tiergarten vor der Gloriette von Schönbrunn.

Glückliches Tierleben: Flusspferd Ali beim Mittagsschläfchen.

Majestätisches Raubtier: Der sibirische Tiger im feuchten Element

Verbrannte Diamanten, ein Palais in der Stadt und ein geheimnisvoller Pavillon im Schlosspark

In Schönbrunn sollte die magische Kraftstation des Habsburgerreiches sein und gleichzeitig ein perfekt getarntes Laboratorium – die Menagerie! – zur Entdeckung der Weltformel entstehen, in dem man, mit Hilfe des »Steins der Weisen«, auch Gold machen konnte. Das ist aber durchaus auch symbolisch zu verstehen: Es galt, durch Wissen Reichtum zu erlangen.
Schon lange vor der Hochzeit mit Maria Theresia hatte sich Franz Stephan von Lothringen mit Alchemie, »der königlichen Kunst«, befasst. Als Kaiser wuchs sein Interesse daran noch mehr und er führte viele Versuche persönlich durch. Berühmt wurde sein missglücktes Experiment, bei dem er 1751 gemeinsam mit dem Jesuitenpater und Physiker P. Joseph Franz kleine Diamanten im Brennpunkt eines Hohlspiegels zu einem großen Kristall zusammenschmelzen wollte. Dabei begannen die Diamanten durch die starke Erhitzung zu brennen: immerhin der erste Nachweis der Brennbarkeit von Diamanten an der Luft.
Die verkohlten Überreste sind im Naturhistorischen Museum, der Brennspiegel ist im Technischen Museum erhalten geblieben.
Auch in Franz Stephans Palais in der Wiener Wallernstraße 3, ganz nahe der Hofburg, gab es ein chemisches Laboratorium. Obwohl er dieses Gebäude jederzeit durch Geheimgänge unbemerkt betreten konnte, war es für seine geheimen Forschungen nicht so ideal, denn dieses Palais »Kaiserhaus« diente in erster Linie als Verwaltungszentrum und Schaltzentrale seines riesigen Wirtschaftsimperiums und zum standesgemäßen Empfang von nicht hoffähigen Personen.
Getreu seinem Wahlspruch: »Pro deo et imperio / Für Gott und Reich«, wollte Franz I. Stephan nun in Schönbrunn ideale Verhältnisse schaffen.
Im Untergeschoss des Pavillons richtete er dazu ein Laboratorium ein, das durch geheime Gänge mit den anderen Gebäuden verbunden war.
In Amsterdam erwarb er für 2000 Dukaten (nach heutigem Wert 5 Millionen Schilling) eine handschriftliche Anweisung zur Bereitung des »Steins der Weisen«. Angeblich

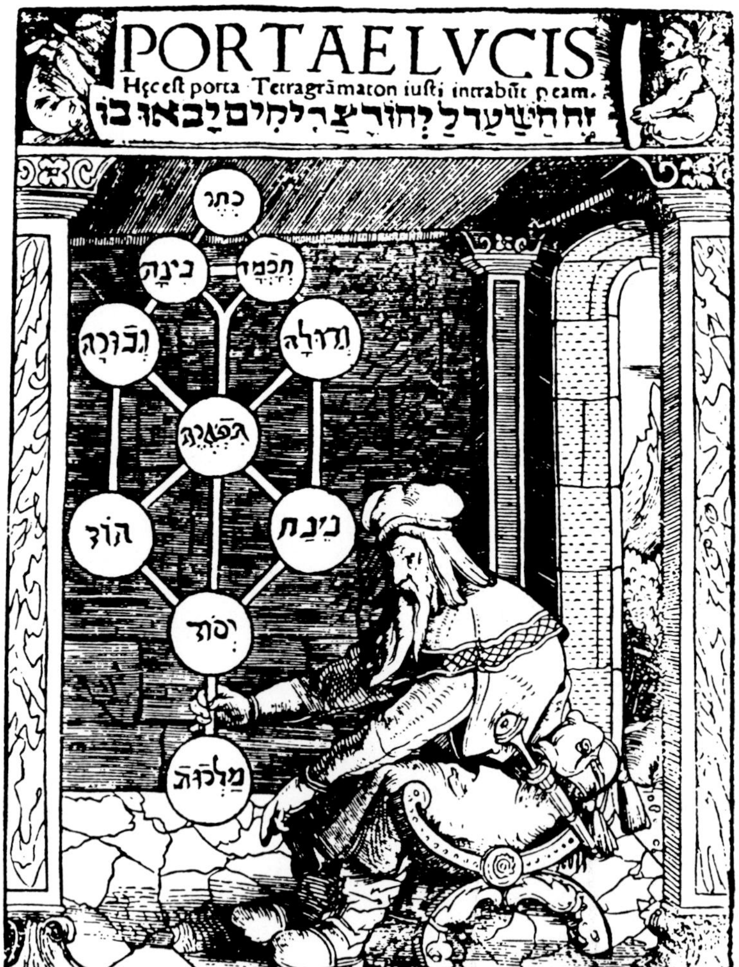

Sephirotischer Baum – Darstellung aus 1516.

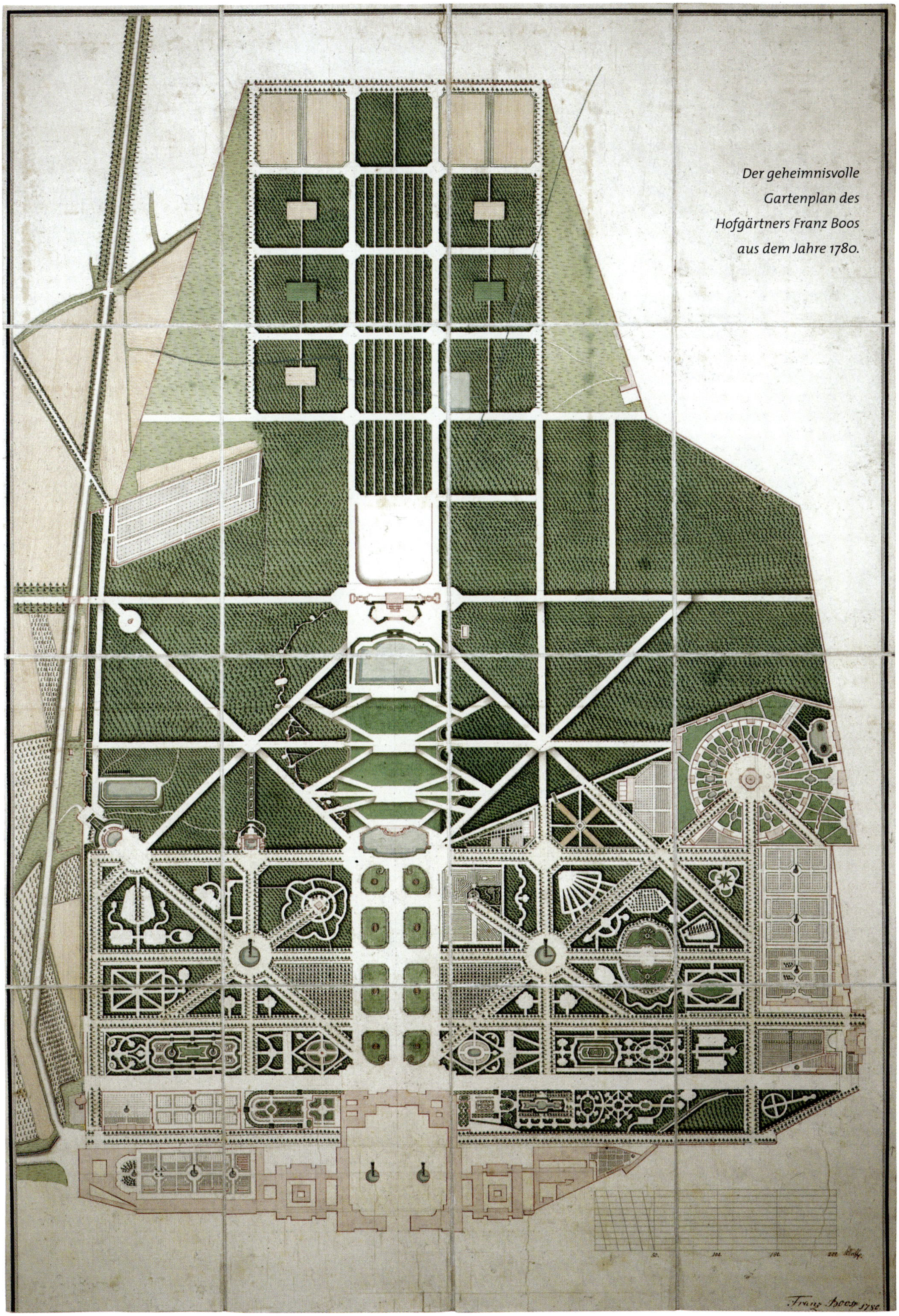

Der geheimnisvolle Gartenplan des Hofgärtners Franz Boos aus dem Jahre 1780.

Kaiser Franz I. Stephan, umgeben von den Vorstehern seiner wissenschaftlichen Hofinstitute. Direkt neben ihm: Dr. van Swieten, Leibarzt und Vorsteher der Hofbibliothek. Ausschnitt aus dem Gemälde im Naturhistorischen Museum in Wien.

kaufte er sie vom Geheimsekretär Poppier von Jolifiet (alias Ketma Vere, Pseudonym für Bernhard Joseph Schleiß von Löwenfeld), dem Autor der 1779 in Amsterdam erschienenen alchemistisch-kabbalistischen Schrift »Der Kompass der Weisen«, die zur »Bibel« der Rosenkreuzer wurde.

Darüber hinaus lud Franz Stephan berühmte Naturwissenschaftler zu sich nach Wien ein.

Die Symbole, mit denen der Kaiser seine alchemistische Forschungsstation ausstattete, sollten die Gedanken der Betrachter leiten – um Träume wahr werden zu lassen. Denn vor jedem Werk steht der Gedanke! Ähnlich formulierte es Tiergartendirektor Helmut Pechlaner, als er begann, bei zunächst skeptischen Gesprächspartnern für das Regenwaldhaus, das ja nun Realität wird, zu werben: »A bissl spinnen werden wir doch noch dürfen.«

Im Fall des Kaisers waren die Wünsche anders gelagert; er hatte noch keine Ahnung von einem Regenwaldhaus, wahrscheinlich nicht einmal vom Regenwald, aber er und seine Mitarbeiter machten sich Gedanken über die Zukunft: Neue Produktionsmöglichkeiten, neue Verwaltungsformen, neue Staatsformen, neue Schulformen, neue Kunstgattungen sollten erdacht werden.

Als »Positives Denken« hat der gezielte Einsatz der Macht der Gedanken auch in unserer Zeit viele Anhänger gefunden, denen wohl nicht bewusst ist, dass es sich dabei um eine magische Disziplin handelt, die einem Gesetz gehorcht: Glückliche Gedanken führen zu einem glücklichen Leben – negative zu einem unglücklichen.

Der Magier glaubt darüber hinaus an die Allmacht der Gedanken, mit deren Hilfe man nicht nur sich selbst – seine Seele und seinen Körper – mit entsprechender Energie stimulieren, sondern letztlich jedes Wesen, jede Sache und jedes Ereignis beeinflussen kann. Der Kaiser errichtete deshalb, wie die Ikonographie des Schlossparks von Schönbrunn zeigt, eine große magische Denkmaschine und ein hermetisches Gesamtkunstwerk: eine Startrampe zu geistigen Höhenflügen und verborgenem Wissen und einen Landeplatz für den göttlichen Funken mit der Menagerie als Leitstelle.

Wie ein mystischer Schaltplan sieht deshalb auch die Landkarte aus, die der Hofgärtner Franz Boos im Jahre 1780 vom Schlosspark Schönbrunn anfertigte.

Im Zentrum erkennt man den »Sephirotischen Baum« der Kabbala, die Versinnbildlichung der Uroffenbarung und Weltordnung nach hebräischer Überlieferung.

Aber auch der germanische Lebensbaum, der siebenarmige Leuchter und ein Labyrinth sind neben zahlreichen anderen Symbolen im Grundriss zu erkennen.

Das Ziel war klar: Über die Erforschung der kosmischen Ordnung zur Lösung des Menschheitsrätsel, zur Entdeckung der Weltformel zu gelangen.

Eine Aufgabe, an der die Wissenschaft bis heute arbeitet und von der Stephan Hawkins, der bekannteste Physiker unserer Tage, behauptet: »Wir stehen kurz davor.«

Immerhin hat die jahrhundertelange Suche nach der Weltformel unser Verständnis für die Natur beachtlich vorangebracht.

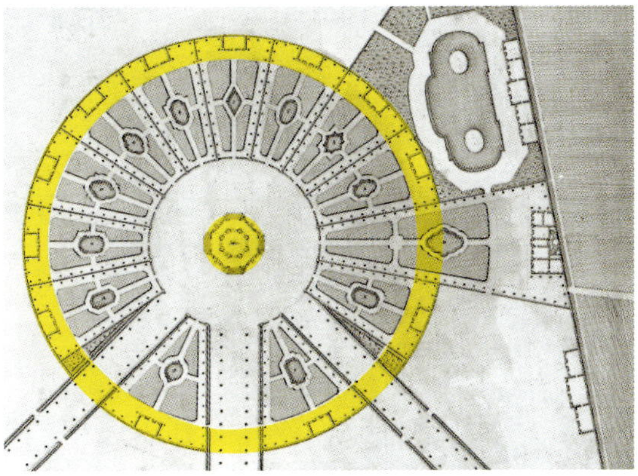

Symbole leiten die Gedanken, damit Träume wahr werden können.

Auch die Erforschung der Pflanzenwelt gehörte zum wissenschaftlichen Programm des Kaisers, der dafür sogar Expeditionen nach Übersee entsandte. Das Palmenhaus und der Tiergarten Schönbrunn sind deshalb nicht nur Nachbarn, sondern auch untrennbar miteinander verbundene Institutionen. Beide Einrichtungen entstammen der gleichen aufgeklärten Geisteshaltung am Wiener Kaiserhof des 18. Jahrhunderts.

7

1. Aloe (links, großes Bild)
2. Bromelie
3. Spathiphylium
4. Cattleya
5. Kahn-Orchidee
6. Malaienblume

Der Vogel mit dem längsten Hals ist der Strauß.

Was 1752 noch geschah:

In Amerika erfand Benjamin Franklin den Blitzableiter mit einem Experiment, das ihm beinahe das Leben kostete.
In Frankreich baute Vaucon einen Musikautomaten in Form einer Flöte spielenden Ente.
In London gab es den ersten Frauenprotest; die Damen trugen blaue Strümpfe.
In Wien gründete Maria Theresia, die ein Jahr zuvor schon erfolglos die Hanswurst-Spiele verboten hatte, eine ebenso erfolglose Keuschheitskommission. Erfolg hatte die Kaiserin in Wr. Neustadt, wo sie die Militärakademie gründete, die bis heute besteht. Größte Beliebtheit aber erlangte in Wien das erste Zahlenlotto, das so sensationell einschlug, dass es schon fünf Jahre später dem privaten Betreiber abgenommen und verstaatlicht wurde. Noch heute kann sich, neben dem Lottogewinner, besonders der Finanzminister über dieses Spiel erfreuen.

Schönbrunn: Stätte der Kraft und Inspiration

»Dieser Park ist für mich eine Stätte der Kraft. Wo man hingegangen ist nach einem Streit. Nach schlechten Kritiken. Sehr viel besser als ein Mensch hat mich dieser Garten trösten können«, schwärmte André Heller über den Schlosspark von Schönbrunn und erkannte: »Diese Verbindung zwischen Natur und Künstlichkeit, das ist für mich spannender als jedes Museum.«
Der Architektur-Wissenschaftler Friedrich Achleitner sagt über das 1879/82 erbaute Palmenhaus, das eines der größten der Welt ist: »Es hat Ahnungen über ein künftiges Bauen ausgelöst. Vielleicht begann das 20. Jahrhundert in Wien mit dem Palmenhaus von Schönbrunn.«
Die Schriftstellerin Lotte Ingrisch wollte es ganz genau wissen: Auf der Suche nach einem idealen Aufführungsort für die »Tierlieder« ihres verstorbenen Gatten Gottfried von Einem kam sie am 20. Oktober 1999 in den Tiergarten. In Begleitung von Lotte Deutsch, der Chefsekretärin von Tiergartendirektor Helmut Pechlaner, untersuchte sie mit ihrem Pendel den Kaiserpavillon in der Mitte der historischen Anlage.
Im prächtig ausgestalteten Innenraum, der heute ein erstklassiges Restaurant ist, stellte sie dabei »starke positive Strahlung« fest.
Oberhalb der Stelle, an der Lotte Ingrisch diese Wirkung messen konnte, befindet sich im Deckengemälde von Ignaz Mildorfer die Darstellung des »Steins der Weisen«.

Die heilige Sieben in der Schönbrunner Zahlenmystik

»Es ist sehr wahrscheinlich, dass auch in der Geschichte eine wunderbare Zahlenmystik stattfindet«, vermutete der Dichter Novalis (1772–1801).

In der Geschichte des Schönbrunner Tiergartens und seiner Vorgänger bestätigt sich seine Theorie: **1452** – erster Tiergarten im Stadtgraben von Wien; **1552** – hundert Jahre später: erste Menagerie in Wien im Schloss Ebersdorf; **1752** – zweihundert Jahre nach Ebersdorf und dreihundert Jahre nach dem ersten Tiergarten: Gründung des Schönbrunner Tiergartens als Menagerie.

Alle drei Gründungen erfolgten in einem Jahr mit der Zahl 52, eine Zahl, die, kabbalistisch reduziert (5 + 2), die Zahl 7 ergibt.

Sieben, die wichtigste Zahl der Zahlensymbolik, oft auch heilige und magische Zahl genannt, ist auch die Zahl der damals bekannten Planeten, unter deren Schutz das hermetische Werk steht. Wir finden sie auch in der Jahreszahl der Gründung der Menagerie des Prinzen Eugen im Schloss Belvedere: 1716 (1 + 6 = 7), sowie in 1570 (7 + 0 = 7), dem Jahr, in dem Kaiser Maximilian erstmals Tiere am Gelände des heutigen Schlossparks von Schönbrunn hielt. Auch die Jahreszahl, als die Bevölkerung – bei freiem Eintritt – erstmals die Menagerie besichtigen durfte, enthält die Sieben: 1779 (7 + 9 = 16 = 1 + 6 = 7).

Und sieben Jahre nach der Gründung der Menagerie wurde der Pavillon in der Mitte fertig gestellt.

Auch der Zeitraum von 1921, dem Jahr, da der Tiergarten Schönbrunn aufgelassen werden sollte, bis zu seiner endgültigen Rettung durch die Umwandlung in eine eigene Verwaltungsform im Jahre 1991 dauerte 70 Jahre (7 + 0 = 7). Das Gesetz dafür besteht aus sieben Paragrafen.

Und wenn Helmut Pechlaner, der 16. Tiergartendirektor (1 + 6 = 7) seit 1752, sein großes Reformwerk mit der Eröffnung des Regenwaldhauses abschließt, wird der Tiergarten Schönbrunn 250 Jahre alt – und 2 + 5 ist wieder 7.

Das 1879/82 erbaute Palmenhaus im Schönbrunner Schlosspark: Inspiration für die Architektur des 20. Jahrhunderts.

Die Neugestaltung Österreichs mit dem Malerpinsel: »Habsburgisch-Gelb« verbreitet sich in der ganzen Monarchie

Das Schloss Schönbrunn in Wien, die »Quelle des Schönen«, wie es der Poet Josef Weinheber nannte.

Ein Kreis mit eingezeichnetem Mittelpunkt, wie sich die Menagerie im Grundriss darstellt, ist in der Alchemie das Symbol für Gold. Gold oder Gelb ist, wie Goethe in seiner Farbenlehre schrieb, »eine heitere, muntere und sanfte Farbe, die aber durch die leiseste Beimischung entwertet, unschön und schmutzig wird«. Lediglich ein leichter Rotstich wird als erwärmend toleriert.
Goethe, der selbst Versuche unternahm, sah in der Alchemie einen Weg zu erkennen, »was die Welt im Innersten zusammenhält«, wie er den Faust im Eröffnungsmonolog seines gewaltigen Dramas sagen lässt.

Das Gelb, mit dem der Kaiser seinen Pavillon und alle Mauern in der Menagerie bemalen ließ, wurde jedenfalls ein großer Erfolg und verbreitete sich als »Habsburgisch- oder Schönbrunner-Gelb« in der ganzen Monarchie.
Für die Bevölkerung symbolisierte die Farbe jene Ordnung und Verlässlichkeit, die vom Kaiser ausging.
Noch im selben Jahr, in dem der Pavillon

eröffnet wurde, bildete der Maler Bernardo Bellotto, genannt Canaletto, die Südfront des Schlosses Schönbrunn erstmals mit gelber Farbe ab; vorher war es blau und rosa gestrichen.
Darüber hinaus erlebte der Kaiser mit dieser Farbe auch das Glück des Tüchtigen, denn die Farbe Gelb konnte damals am billigsten hergestellt werden.
Zurück zur Menagerie: Ein Kreis mit einem Punkt in der Mitte bedeutet in der Astrologie die Sonne. Alchemie und Astrologie bildeten ursprünglich eine Einheit, deshalb war die Menagerie auch als astrologische Rechenanlage und Sonnenorakel verwendbar.
Die Dreiteilung am äußersten Rand jeder der zwölf Logen entspricht den drei Dekaden jedes Tierkreiszeichens.
Die beiden Inseln im Teich sind, vom Dach des Pavillons aus gesehen, als astrologische Messpunkte verwendbar.
Franz Stephan ließ aber noch eine 13. Abteilung errichten, für den Menschen. Hier steht das Gebäude, in dem sich jetzt die Direktion des Tiergartens befindet.
Nimmt man nun den Plan der Menagerie und verlängert die Seitenbegrenzung der 13. Loge zur Mitte, so treffen sich die Linien im Zentrum des Pavillons, und die ganze Anlage wirkt wie der Schweif eines Kometen, den der achteckige Pavillon bildet; ein Symbol der Hoffnung auf einen Eingriff von oben.

Das prächtige Gartenparterre vor dem Schloss: einzigartiges und weltberühmtes Kunstwerk aus Blumen.

Der Goldmacher des Kaisers

Am Wiener Kaiserhof zu Maria Theresias Zeiten traf sich die große Welt; angesehene Wissenschaftler und berühmte Künstler waren ebenso zu finden wie Scharlatane, Abenteurer, Glücksritter und natürlich schöne Frauen.

Der berühmte Magier Alexander Graf Cagliostro war hier ebenso zu Gast wie der mit magnetischen Kuren heilende Franz Anton Mesmer oder der geheimnisvolle Graf von Saint-Germain. Von ihm sagte man, dass er alles wisse, nie etwas esse und nur von seinem magischen Elixier lebe. Dieses ließ ihn angeblich für immer dreißig Jahre alt sein, obwohl er seit über 2000 Jahren auf der Welt und schon bei der Hochzeit zu Kanaan dabei war.

Casanova hingegen, der berühmteste Herzensbrecher der Geschichte, verließ Wien sehr rasch, weil ihn die Keuschheitskommission störte, die Kaiserin Maria Theresia eingesetzt hatte.

In der Begleitung zweier kaiserlicher Offiziere konnte man einen Mann durch den Schlosspark spazieren sehen, dem der Kaiser besondere Aufmerksamkeit widmete: den Goldmacher Sehfeld.

Er stammte aus Oberösterreich, sein Vorname ist unbekannt. Nachdem er viele Jahre im Ausland gelebt hatte, kam er um 1745 nach Rodaun, heute Wien 23, und quartierte sich im Mineralbad ein, das von einer heilkräftigen eisen- und schwefelhaltigen Therme gespeist wurde, und machte eine Badekur. Da ihm die Gegend gut gefiel, wollte er hier ständig wohnen. Geld hatte er genug, denn er bezahlte seinen Aufenthalt mit Gold, das er zweimal wöchentlich selbst herstellte.

In Gegenwart des Bademeisters Friedrich, dessen Frau und der drei Töchter, die er zur strengsten Verschwiegenheit ermahnte, schmolz er Zinn und streute dann ein rotes Pulver darüber. Sogleich erhob sich ein in allen Farben leuchtender, mehr als handhoher Schaum. Nach etwa einer Viertelstunde setzte sich der Schaum und das Zinn war zu feinstem Gold geworden.

Doch leider konnten Frau und Töchter den Mund nicht halten und bald verbreiteten sich die verschiedensten Gerüchte in Rodaun.

Eines Nachts wurde das Badehaus über Betreiben mächtiger Feinde des Goldmachers von der Wiener Rumorwache umstellt und Sehfeld verhaftet. Im Gefängnis wollte man ihm das Geheimnis des Goldmachens entreißen, doch Sehfeld schwieg. Bevor man ihn zur Zwangsarbeit auf die Festung Temesvar schicken konnte, erfuhr der Kaiser davon, der sich in den Wäldern um Rodaun zur Wildschweinjagd befand.

Er befahl, Sehfeld unter der Bedingung aus der Haft zu entlassen, dass er in seinem Auftrage chemische Versuche anstelle und Gold erzeuge.

Sehfeld hatte alle Freiheiten, durfte reisen wohin er wollte, es wurden ihm aber zwei, dem Kaiser ganz besonders treu ergebene Offiziere, die – wie Franz Stephan – von Geburt Lothringer waren, als »Gesellschafter« beigegeben, die ihn Tag und Nacht begleiteten.

Einige Zeit machte Sehfeld verschiedene Experimente, die das allerhöchste Wohlgefallen des Kaisers fanden. Auch »that er verschiedene Lustreisen«. Doch dann waren plötzlich der Goldmacher und die beiden Offiziere spurlos verschwunden.

Alle Nachforschungen blieben ergebnislos. Erst Jahre später soll es Lebenszeichen von ihm in Amsterdam und Halle gegeben haben.

In der Wiener Bevölkerung war man der Meinung, dass Sehfeld ein wahrer Adept (Eingeweihter) war, der tatsächlich die Kunst des Goldmachens verstand und zu Unrecht verhaftet wurde. Die Flucht mit seinen beiden Begleitern, die ihre Karriere als kaiserliche Offiziere aufgegeben hatten, verstärkte diese Ansicht und man hielt ihn für einen Märtyrer seines Geheimnisses. Die Alchemie aber bekam dadurch unerhörten Zulauf.

Es wird berichtet, dass man im Jahre 1752 in Wien »dreyzehntausend und acht und vierzig Laboranten, Geisterbeschwörer, Freymaurer und Schatzgräber gezählt habe«.

In dieser Zeit war die Goldmacherkunst aber auch grausamer Verfolgung ausgesetzt: Die Polizei spähte die Schlupfwinkel der Adepten aus, zerschmetterte ihre Öfen und warf ihre Bücher ins Feuer.

Auch von Dr. van Swieten, dem Leibarzt Maria Theresias und Begründer der Ersten Wiener Medizinischen Schule, wird berichtet, dass er despotisch die Goldmacherkunst verfolgte: Er ließ alle Werke und Handschriften zu dieser Materie in der kaiserlichen Hofbibliothek, deren Vorsteher er war, ausheben und vergraben. Man sagt, dass sein Lehrmeister, der berühmte Boerhave, das Geheimnis, Gold zu machen, besessen, van Swieten aber nicht mitgeteilt hätte. Nach dessen Tod und vergeblichen Versuchen, dem Geheimnis auf die Spur zu kommen, wäre dieser, von Neid und Eifersucht getrieben, ein Feind der Alchemie geworden.

Die Tarnung des kaiserlichen Laboratoriums durch eine Menagerie war also durchaus berechtigt.

An dem Haus in Rodaun, Ketzergasse Nr. 473, an dessen Stelle einst das Mineralbad stand, erinnert heute eine Gedenktafel an den Goldmacher Sehfeld.

Kronenkranich im Tiergarten Schönbrunn.

Ein meisterhafter Baumeister: Webervogel beim Nestbau.
Erst wenn das Nest der Frau gefällt, wird Hochzeit gefeiert.
Wenn das Nest nicht gefällt, muss er neu beginnen.

Elegante Vögel und große Blumen: Flamingos vor Herkuleskraut.

Die Botschaft der Schönbrunner Rosenkreuzer

Bei den Rosenkreuzern des 18. Jahrhunderts gab es ein Gradesystem von neun Stufen. Bei ihnen war der Kreis mit einem Punkt darin das Symbol für Kaisermacht; das Bild der schöpferischen Mitte, die allem in ihrer Umgebung erst den Sinn gibt – der Kaiser als irdischer Vertreter der höchsten Würde, der Mitte des Universums. Deshalb führen zum Kaiserpavillon auch vier Treppen mit neun Stufen, denn Neun ist gleichzeitig die magische Zahl für Vollendung und Klugheit.

Geheimes Zeichen im Stiegengeländer; Symbol des irdischen Lebens, das sich mit dem Universum vereint.

Zentren der Rosenkreuzer waren Prag, Berlin, Hamburg, Regensburg und Wien.

Voraussetzung für die Aufnahme war die Mitgliedschaft in der Freimaurerei, die in Wien von Maria Theresia gewaltsam aufgelöst und verboten wurde.

Franz Stephan, ihr kaiserlicher Gatte, hielt allerdings seine schützende Hand über die Freimaurer, war er doch selbst 1731 – als erster Fürst auf dem Kontinent – in Den Haag einer von ihnen geworden. In Wien gehörte er der Loge »Zu den drei Kanonen« an.

In den österreichischen Erblanden und in Ungarn verhinderte er die Veröffentlichung einer päpstlichen Bulle, die vor den Freimaurern warnte. Als Regent des Großherzogtums Toskana, wo Freimaurer verfolgt wurden, untersagte er jede Anwendung von Gewalt und ließ mehrere von der Inquisition Eingekerkerte enthaften und die Untersuchungen gegen sie einstellen.

In der kaiserlichen Menagerie konnten die Rosenkreuzer jedenfalls ungestört wirken. Der unauffällige Zugang war von der Seite, durch das jetzige Tiergarten-Direktionsgebäude möglich, wo sich ein weiteres bedeutendes Symbol befindet: Im kunstvollen Stiegengeländer wechselt die Darstellung des Lothringerkreuzes mit der eines stilisierten Spermas ab, das einen Kreis berührt: das Symbol des irdischen Lebens, das sich mit dem Universum vereint. Eine getarnte Darstellung des Forschungsziels, das hier erreicht werden sollte – menschliches Chaos und menschliche Unwissenheit in eine kosmische Ordnung zu führen.

Und sogar die Zahl der Stufen im Treppen-

haus sind als Symbol zu sehen: Sieben Stufen führen zum ersten Absatz, zwei Treppen mit jeweils 16 Stufen zum ersten Stock, 7 und 2 mal 16 (1 + 6 = 7) ergibt drei mal sieben = 21 und 2 + 1 = 3.
Das wichtigste Symbol aber, das uns Franz Stephan und seine Rosenkreuzer hinterlassen haben, finden wir an der Decke des Pavillons in der Mitte des Tiergartens.
Eine Botschaft, die sich schon in der Bezeichnung »Loge« für die Tierabteilung ausdrückt. Denn »Loge« ist nicht nur das französische Wort für Hütte, sondern gleichzeitig auch ein zur Bühne hin offener Raum, wie er damals in den barocken Hoftheatern entstanden ist. Es wird hier dem Tier die Möglichkeit gegeben, den Menschen zu beobachten. Es findet also ein Vertauschen der Rollen statt.
Zusätzlich bezeichnet Loge aber auch den Ort der Zusammenkünfte und die Vereinigung von Freimaurern. Dass Franz Stephan seine Tiere in »Logen« unterbrachte, zeigt seine hohe Wertschätzung der Mitgeschöpfe.
Das Deckengemälde illustriert das Rätsel der Materie in einer Darstellung der alchemistischen Grundthese, dass alles in der Welt letztlich eins sei und aus demselben Grundstoff stamme, dass Mensch und Tier also den gleichen Wert darstellten. Ein Gedanke, der gerade für den Tierschutz von gewaltiger Bedeutung ist und der Diskussion um die Frage, ob Tiere eine Seele haben, neue Impulse gibt. Gleichzeitig wird Ehrfurcht und umfassender Schutz für die gesamte Natur eingefordert.
Im 20. Jahrhundert hat die alchemistische Lehre von der Verwandlung der Elemente, der Transmutation, eine überraschende Bestätigung durch die Kernphysik gefunden. Sie hat den Nachweis erbracht, dass auch Elemente – durch Kernverschmelzung und Kernspaltung – verändert, »transmutiert« werden können. Und an der Universität München gelang es schon 1977 im Rahmen einer Doktorarbeit, nach einem über 400 Jahre alten Rezept der Alchemisten, per Transmutation giftiges Antimonerz in ein Heilmittel zu verwandeln. Ein Vorgang, der nach heutigen Erkenntnissen der Naturwissenschaften völlig unmöglich zu sein scheint.

Verborgene Botschaft der Rosenkreuzer im Deckengemälde des Kaiserpavillons.

Der magische Schutzkreis des Habsburgerreiches und die Säulen von Schloss Neugebäude

In der Architektur der Anlage von Schönbrunn und seiner Menagerie finden wir also eine Darstellung der Hermetik. Kaiser Franz I. Stephan von Lothringen verfügte demnach über geheimes magisches Wissen, mit dem er das Zentrum seines Wirkens noch weiter absichern konnte.

In der Magie hat der Kreis, der bei Beschwörungen um den Magier gezogen wird, die Funktion eines böse Geister abwehrenden Schutzes.

In der Menagerie von Schönbrunn, dem magischen Zentrum der Monarchie, übernahm die gelbe Ringmauer diese Schutzfunktion, die vom Kaiser noch verstärkt wurde, indem er entlang der Trennungsmauern der einzelnen Logen jeweils zwölf Bäume setzte, so dass nun zwölf magische Ringe aus Bäumen den Mittelpavillon umschlossen. Ein Talisman entstand, der das ganze Habsburgerreich schützen sollte.

Den Säulen von Schloss Neugebäude kam dabei eine besondere Bedeutung zu. Sie waren nach Schönbrunn gebracht worden, obwohl Maria Theresia sie als »steinerne säullen und gesimbsen welche Nichts Nuzet ...« bezeichnet hatte.

Franz Stephan und seine Magieberater dachten darüber wohl anders, denn Säulen hatten stets reiche symbolische Bedeutung. Jedenfalls wurden an der Südseite des Schlosses – und gegenüber in der Gloriette – jeweils acht Doppelsäulen eingebaut, hinter denen wieder jeweils acht Doppelsäulen stehen. So wurde ein magisches Kraftfeld geschaffen, das gedanklich mit der Weltachse verbunden ist: eine magische Empfangsanlage für kosmische Botschaften, bestens dafür geeignet, das geomantische Energienetz der Erde anzuzapfen und so die magischen Schutzfunktionen zu unterstützen.

Zerbrach die Monarchie an einer gelben Mauer?

Über die Bedeutung magischer Säulen wusste auch Karl der Große Bescheid. Er hatte sich die Säulen für seinen achteckigen Kaisersitz in Achen quer über die Alpen aus dem Oktogon Theoderichs des Großen in Ravenna geholt.

Die paarweise Aufstellung der Schönbrunner Säulen entspricht auch der Freimaurer-Bildsprache von »Gerechtigkeit und Wohlwollen, den Grundpfeilern der Humanität«.

Tatsächlich erlebte die Monarchie einen gewaltigen wirtschaftlichen Aufschwung und der Familie Habsburg konnte trotz Napoleonkriegen und Revolution kein Problem wirklich gefährlich werden.

120 Jahre lang wurde kein Versuch unternommen, die Anlage zu verändern, die Mauer als Schutzkreis blieb unversehrt.

1879 ernannte Kaiser Franz Joseph, trotz Widerstand seiner Berater, den Autodidakten Alois Kraus zum Leiter der k.u.k. Menagerie.

Der wollte die Anlage erweitern und modernisieren und neue Tierhäuser bauen. Deshalb plante er sogleich die Demolierung der gelben Radial- und Ringmauern. Von der magischen Bedeutung der Menagerie hatte er keine Ahnung.

Im selben Jahr wurden auch die Weichen für den Untergang der Monarchie gestellt: Völlig geheim wurde der »Zweibund« zwischen Österreich-Ungarn und Deutschland geschlossen, ein Vertrag, der die Partner verpflichtete, einander bei einem russischen Angriff mit der gesamten militärischen Macht beizustehen. Ein Vertrag, der 1914 den Serbienfeldzug zum Ersten Weltkrieg eskalieren ließ.

Die magischen Säulen des Kaisers, für Maria Theresia zu »Nichts Nuzet ...«.

1879 begann sich Kaiserin Elisabeth von Franz Joseph abzuwenden und immer öfter zu verreisen. Kaiser Franz Joseph klagte über Gedächtnisschwierigkeiten, und Kronprinz Rudolf begann die Monarchie und die Politik seines Vaters zu kritisieren; vor allem die Bündnispolitik mit

Vor den Säulen der Gloriette hält der »Schönbrunn-Express«, ein Bummelzug auf Gummirädern, der durch den ganzen Schlosspark fährt.

Deutschland fürchtete er zu Recht als Gefahr.

Doch bis Kraus seine Pläne realisieren und die Mauern abtragen konnte, sollte noch einige Zeit vergehen. Inzwischen wurde die Monarchie häufig von Unheil heimgesucht und böse Kräfte begannen sich zu organisieren.

Am 8. Dezember 1881 etwa brannte das Ringtheater. Fast 400 Menschen kamen ums Leben. Es war die größte zivile Katastrophe in der Geschichte der Monarchie.

Forschung und Bildung, Werte, mit denen sich der Menageriegründer Kaiser Franz I. Stephan von Lothringen bei Hofe noch persönlich auseinandergesetzt hatte, wurden von Franz Joseph und seiner Familie kaum beachtet. Kronprinz Rudolf wurde gar das Studium der Naturwissenschaften verboten.

1889, zehn Jahre nachdem Alois Kraus die Leitung der Menagerie übernommen hatte, demolierte er tatsächlich die gelben Radial- und Ringmauern der Menagerie. Und es mutet unheimlich an, dass die »Zerstörung des Talismans« genau im dem Jahr erfolgte, da das Habsburgerreich durch den Tod des Kronprinzen in Mayerling in seinen Fundamenten erschüttert – und in Braunau am Inn Adolf Hitler geboren wurde.

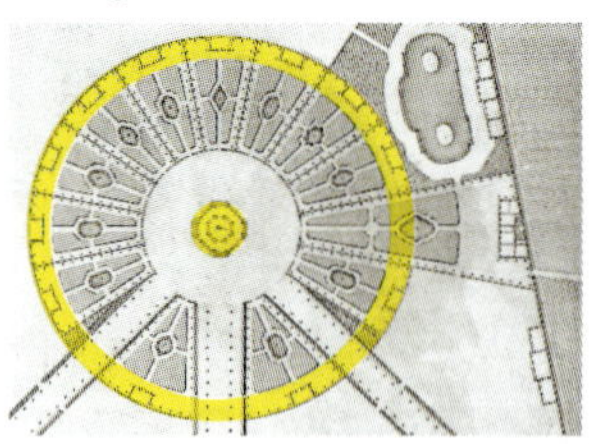

Doch zunächst schien alles gut zu gehen: Nach der Demolierung der Menageriemauern entstanden zahlreiche Tierhäuser und der Schönbrunner Zoo entfaltete sich unter dem k.u.k. Menagerieinspektor Alois Kraus zu seiner höchsten Blüte während der Kaiserzeit. Der Schutzkreis aber hatte seine magische Wirkung verloren, das Kaiser-Gelb war schmutzig geworden, das Ende der Monarchie nicht mehr aufzuhalten.

Maria Theresias Gatte war nicht der Erste, der in Wien einen Tiergarten gründete, um Tiere zu beobachten, statt sie als lebende Nahrungsreserven in umzäunten Jagdrevieren zu halten.

Rosa Flamingos, elegante Vögel mit langen Hälsen, im Tiergarten Schönbrunn.

Der erste Zoo der Welt

Im Jahre 2000 v. Chr. gab es am Hofe des Kaisers Wu-Wang aus der Hia-Dynastie einen heiligen Park mit einem Tiergarten, den man »Garten der Intelligenz« nannte. Hier gab es keine Zäune, Käfige oder Zwinger. Die Tiere, darunter der Bambusbär Pei-hsiung, der weißrückige Tapir Mè, der große Sumpfhirsch Sse-pu-hsiang und Schabrackentapire, konnten sich in dem 400 Hektar großen Gelände frei bewegen, wie der venezianische Weltreisende Marco Polo (1254–1324) berichtete. Es war der erste Tiergarten, der der Intelligenz diente. Hier wurden Tiere zur wissenschaftlichen Erkenntnis gehalten und nicht als Haustiere oder als lebende Vorratskammer. Der Garten war beispielhaft für moderne Zoos und die Menagerie, die der Kaiser in Wien errichtete.

1865 entdeckte der französische Missionar Armand David im »Garten der Intelligenz« einen Sumpfhirsch, der noch heute Davids-Hirsch genannt wird.

Dieser erste Zoo der Welt bestand 3000 Jahre bis zum Boxeraufstand 1899/1900. Dann, so der offizielle Bericht, drangen europäische Soldaten in den »Garten der Intelligenz«, sie »töteten sämtliche Tiere und verpflegten sich mit ihrem Fleisch«.

Glückliche Paare

Familienglück bei den Flusspferden:

Einer gibt den Ton an ...

Entspannung beim Mittagsschläfchen Löwen und Flußpferde.

Giraffen: Hier werden die Ohren lang gezogen.

Mähnenrobben

Trampeltiere

Glückliche Paare, zärtliches Geschmuse:
Die Seriemas sind noch skeptisch,
der Pelikan fängt seine Frau mit dem Schnabel,
nur die Wasserbüffel bleiben cool im Wasser.

Krauskopfpelikane

Seriemas

Wasserbüffel

Afrikanische Elefanten: Sabi und Jumbo

1452: Der erste Tiergarten in Wien

Der älteste historisch nachweisbare Tiergarten entstand schon 1452, genau 300 Jahre vor der Schönbrunner Menagerie. Dombaumeister Hans Puchsbaum, von dem die Sage erzählt, er hätte seine Seele dem Teufel verkauft und deshalb den Nordturm von St. Stephan nicht vollenden können, war gerade damit beschäftigt, am Wienerberg die Bildsäule »Spinnerin am Kreuz« fertig zu stellen, als Wiens damaliger Bürgermeister Oswald Reicholf für den zwölfjährigen König Ladislaus Postumus im Stadtgraben einen Tiergarten errichtete, der aus der Stadtkasse bezahlt wurde.

Ladislaus Postumus, König von Ungarn und Böhmen und Herzog von Österreich, war der nachgeborene Sohn von König Albrecht II. und Elisabeth von Luxemburg. Er wurde am 22. Februar 1440, fünf Monate nach dem Tod seines Vaters, in Komorn, Ungarn, geboren und schon als zwölf Wochen alter Säugling am Schoß seiner Mutter in Stuhlweißenburg zum König gekrönt. Das wurde möglich, weil es Helene Kottaner, der Kammerfrau Elisabeths, gelungen war, trotz scharfer Bewachung die Stephanskrone aus Schloss Visegrad zu entwenden und in einer abenteuerlichen Schlittenfahrt über die zugefrorene Donau nach Komorn zu holen. Die Stephanskrone ist nach der ungarischen Verfassung Symbol der Legitimität, Besitzerin des Landes und Quelle allen Rechts. Nur wer mit ihr gekrönt wurde, ist legitimer König von Ungarn.

Als Dank für ihre tollkühne Tat erhielt die Kottanerin ein Dorf in der Slowakei und ein Haus in Wien.

Über ihr Abenteuer schrieb sie ein Buch, das in der Österreichischen Nationalbibliothek aufbewahrt wird – der erste Politkrimi Mitteleuropas.

Ladislaus' Vormund wurde Kaiser Friedrich III., der ihm nicht nur eine hervorragende Erziehung zukommen ließ, sondern auch sein Interesse an Büchern weckte. Gleich nach seiner Großjährigkeitserklärung forderte Ladislaus die Herausgabe der Bibliothek seines Vaters mit der berühmten Wenzelsbibel, heute einer der größten Schätze der Österreichischen Nationalbibliothek.

Vor der Entlassung des Knaben aus der Vormundschaft kam es allerdings zum Streit mit den böhmischen, ungarischen und besonders den österreichischen Ständen, die 1452 den Kaiser in Wr. Neustadt erfolgreich belagerten und Ladislaus schließlich im Triumph nach Wien führten. Denn aus dem Knaben sollte ein strah-

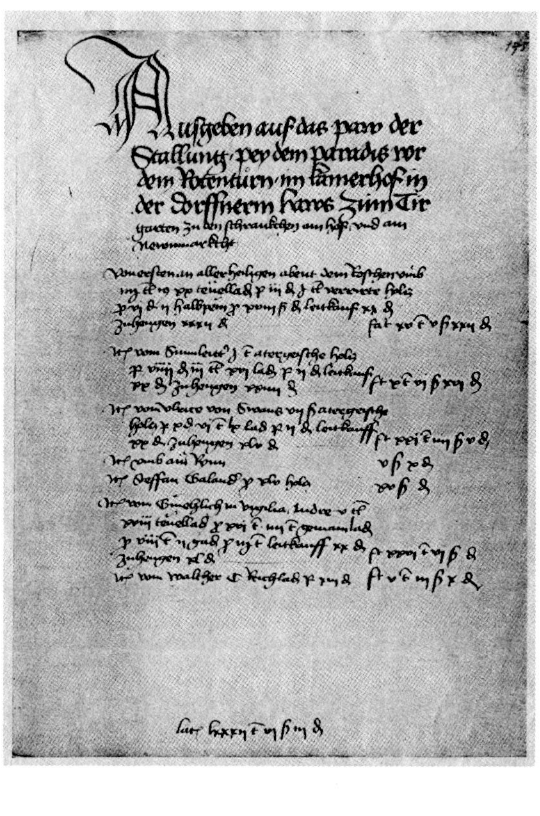
Ausgeben auf das paw der Stallung pey dem paradis vor dem Rotenturn im kamerhof in der Dorffnerin haws zum Tir

Ein vergifteter König, eingesalzene Zootiere, ein enthaupteter Bürgermeister und eine alte Salzrechnung im Stadtarchiv.

lender König werden. Doch zunächst herrschten Intrigen, Verrat und Verschwörung am Hof des jungen Königs. Die Staatsgeschäfte besorgten rivalisierende Ratgeber, die Mitglieder verschiedener Adelscliquen. Später entwickelte Ladislaus erstaunliche Energien und tauschte seine Berater aus. Viele noch heute bekannte Gesetze und Urkunden tragen Ladislaus' Unterschrift; etwa die Regelung des Weinbaus in Mödling, Privilegien in Perchtoldsdorf oder das Recht zum Bierausschank für Laa an der Thaya.

Während einer Reise nach Paris – er wollte seine Braut, Tochter des französischen Königs Karl VII., in Empfang nehmen – starb Ladislaus Postumus am 23. November 1457, nicht einmal 18 Jahre alt, in Prag, wo er im Veitsdom bestattet wurde.

Der junge König dürfte von entmachteten Ratgebern mit Arsen vergiftet worden sein. Nach seinem Tod entbrannte ein Machtkampf zwischen Friedrich III. und Albrecht VI., der zu bürgerkriegsähnlichen Zuständen führte. In der Wiener Burg wurde Kaiser Friedrich III. von aufrührerischen Bürgern belagert. Söldnerbanden zogen durchs Land und raubten die Bevölkerung aus, weil ihnen ihre Herren den Sold nicht auszahlen konnten.

1462, zehn Jahre nach seiner Gründung, wurde der Tiergarten im Stadtgraben aufgelöst, die Tiere wurden abgeschossen und eingesalzen. Die Rechnungen für den Fuhrmann und das Salz sind im Stadtarchiv erhalten geblieben.

Der Tiergartengründer Oswald Reicholf, der 1454 die erste Feuerordnung der Stadt Wien erlassen hatte und von Ladislaus in diesem Jahr auch zum Ritter geschlagen wurde, verwickelte sich in die Streitigkeiten der Nachfolger, wurde verhaftet und am 15. April 1463 enthauptet.

Seither hat kein Wiener Bürgermeister mehr einen Tiergarten gegründet.

Die nächste in der Stadt nachweisbare Tierschau gab es erst 80 Jahre später, von 1542 bis 1574 auf der Burgbastei. Löwen, Tiger, Leoparden und Bären wurden in Zwingern gehalten. Aber es gab auch Affen, einen Strauß und »Indianische Raben«, wie man damals die Papageien nannte.

Gefüttert wurden die Tiere meist mit Abfällen der kaiserlichen Hofküche.

Die Kosten für diesen Hofburg-Tiergarten wurden vom Hofkammeramt und dem niederösterreichischen Vizedomamt übernommen.

König Ladislaus »Postumus«, jüngster Herrscher Österreichs, wurde nicht einmal 18 Jahre alt.

Maximilian II.

1552: Der erste Elefant in Wien

Wie der erste Elefant am Graben ein Kind rettet, die erste Menagerie entsteht, ein Magier dem Kaiser ein Zauberbuch widmet, ein Märchenschloss gebaut wird und in Schönbrunn die ersten Kastanien blühen.

Vom frühen Morgen an drängte sich eine riesige Menschenmenge durch die Gassen von Wien. Jung und Alt, Arm und Reich, Adelig und Bürgerlich, heute blieb niemand zu Hause. Sogar aus weit entfernten Gebieten waren Besucher in die Stadt gekommen. Heute, am 7. Mai 1552, sollte Maximilian II., der älteste Sohn und nunmehrige Nachfolger Kaiser Ferdinands I., mit seiner Gattin Maria aus Spanien zurückkehren und im Festzug in die Stadt einziehen.

In Wien hatte man sich damals schon viel von den Kostbarkeiten, Schätzen, wundersamen Produkten und seltenen Tieren erzählt, die aus dem 60 Jahre zuvor entdeckten Amerika, das man noch für Indien hielt, nach Europa gekommen waren. Die würde Maximilian nun als Geschenk des spanischen Königs nach Wien bringen.

Die Stadt war zum Empfang des hohen Paares auf das Prachtvollste geschmückt. Am Weg, den der Zug nehmen sollte, waren drei herrliche Triumphpforten errichtet worden.

An der Burg selber hatte der Kaiser zur Begrüßung seines Sohnes ein neues, prächtiges Portal errichten lassen, das später, als hier die Schweizergarde einquartiert war, den Namen »Schweizertor« erhielt und noch heute ein Juwel der Renaissancearchitektur in Österreich ist.

Zu beiden Seiten davon war für die Ehrengäste eine große Galerie errichtet worden, von der reich bestickte Teppiche hingen, über die sich malerische Blumengirlanden zogen.

Auf der obersten Abteilung hatte die kaiserliche Musikkapelle in ihren goldbestickten Kleidern Platz genommen; sie bot mit ihren großen, glänzenden Instrumenten einen imposanten Anblick.

Die Reisegesellschaft, deren Eintreffen in Wien so freudig erwartet wurde, hatte auf ihrem Weg von Spanien nach Wien schon für große Aufregung gesorgt.

Denn der junge Kronprinz brachte in seinem riesigen Gefolge auch einen Elefanten mit – ein Tier, das bisher noch nie deutschen Boden betreten hatte und überall als Wunder bestaunt wurde.

Einige Gasthäuser, in deren Ställen der Elefant während der langen Reise nächtigte, tragen noch heute die Aufschrift »Zum Elefanten«. In Brixen und Linz berichten Darstellungen an Hausmauern von dem großen Ereignis.

Auch zahlreiche Gedichte wurden über den Elefanten geschrieben. Der Chronist von Hall in Tirol, wo der Zug Maximilians, von Innsbruck kommend, per Schiff durchreiste, beschrieb das Tier: »Zwölf Schuh

hoch gewesen, mit zwei Zähnen ellenlang und mausfarben.«
Die Geduld der wartenden Wiener wurde auf eine harte Probe gestellt. Erst nach stundenlangem, sehnsuchtsvollem Warten tönten gegen 14 Uhr die ersten Kanonenschüsse von der Kärntnerbastei, um die Ankunft des hohen Paares anzuzeigen, das in einer achtspännigen, prunkvoll vergoldeten Kutsche saß und freundlich die jubelnde Menge begrüßte. Doch weder die reichen Gaben, die öffentlich zur Schau getragen wurden, noch die schönen, fremdartigen Tiere konnten die Bewohner der Kaiserstadt so beeindrucken wie dieser erste Elefant. In Begleitung von bewaffneten Hütern marschierte er gemächlich durch die Menge und hielt mehrmals an, damit man ihn genau betrachten konnte.
Seit dem 6. März war das Tier schon in Wien und in einer großen Scheune auf der »Schebenzerlucken« einquartiert gewesen; das war eine kleine Vorstadtsiedlung an der rechten Wienfluss-Seite, etwa dort, wo sich heute das Konzerthaus befindet.
In der Stadt gab es wohl kaum jemand, der den Elefanten nicht schon besichtigt hatte, dennoch

Oben:
Einzug des ersten Elefanten in Wien, in einer Darstellung aus dem 19. Jahrhundert.

Links:
Maximilians Elefantenmedaille aus 1552.

Schloss Ebersdorf, 1752.
Die erste Menagerie Europas
ist heute eine Strafanstalt.

fürchteten sich die meisten Wiener vor dem »unheimlichen« Tier.
Manche glaubten sogar, der Prinz habe ein furchtbares Ungeheuer mitgebracht, das sie »nach Belieben verschlingen könne«, und wichen erschrocken zurück.
Am Graben kam es deshalb zu einem Gedränge, und ein fünfjähriges Mädchen stürzte zum Entsetzen der Menge direkt vor die Füße des riesigen Tieres.
Der schreckliche Tod der Kleinen schien unausweichlich. Doch es kam anders: Ohne das Kind zu verletzen, beschrieb der Elefant mit seinem Rüssel einen weiten Kreis, um sich Platz zu verschaffen, hob es zart empor und überreichte es der weinenden Mutter.
Die Zuseher brachen in Jubel aus, der Elefant trompetete fröhlich und hatte die Herzen der Wiener im Sturm erobert.
Raitrat Anton Gienger, der Vater des Mädchens, ließ zur Erinnerung ein kolossales Bild des Elefanten samt Inschrift an dem Haus anbringen, vor dem sich der Vorfall ereignete. Das »Elefantenhaus« stand zwischen Stock-im-Eisen-Platz und Graben und wurde 1866 dem Verkehr geopfert.

Die erste Menagerie Europas

Nach dem großen Festzug übersiedelte der Elefant als erstes Tier nach Schloss Ebersdorf, wo Maximilian die erste Menagerie Europas eingerichtet hatte.
Von nun an war die Unterscheidung zwischen Tiergehege als umzäuntes Jagdgebiet (etwa der Lainzer Tiergarten) und zur Schaustellung von Tieren klar erkennbar.
Auch der Tiergarten Schönbrunn wurde bis 1926 »Menagerie Schönbrunn« genannt.
Die Namensänderung erfolgte während der Jahreskonferenz der Europäischen Zoodirektoren, die damals erstmals in Wien stattfand.
Der kaiserliche Elefant blieb nicht lange allein; bald gab es in der Menagerie auch ein Löwenpaar, einen Bären, einen Luchs, Papageien, Affen und Strauße.
Leider war dem Elefanten kein langes Leben gegönnt; er starb bereits am 18. Dezember des nächsten Jahres.
Zur Erinnerung ließ Kaiser Maximilian eine Medaille mit der Darstellung des Tieres prägen. Die Knochen des Elefanten wogen 2136 Kilogramm. Aus dem rechten Vorderfuß ließ der Wiener Bürgermeister Sebastian Huetstocker einen Stuhl anfertigen und mit seinem Wappen und einer Inschrift versehen. Heute befindet sich dieser Stuhl im Stift Kremsmünster.
Nicht nur den ersten Elefanten verdanken wir dem großen Tierfreund Maximilian, sondern auch die ersten Lipizzaner-Pferde. Denn mit der Gründung der beiden Gestüte Lipizza (1560) und Kladrup (1562) legte er den Grundstock für die Spanische Reitschule, deren Betrieb 1572 erstmals erwähnt wurde.
In Prag, wo Maximilian als König von Böhmen residierte, errichtete er einen Löwenhof.

Heute leben die Schönbrunner Elefanten auf mehr als 7300 m² Fläche in der modernsten Elefantenanlage Europas.

Maximilian und der Magier

Wie schon andere Habsburger vor ihm und Franz I. Stephan nach ihm verfügte auch Maximilian II. über geheimes und magisches Wissen. Über Spanien, der Heimat seiner Frau, verbreitete sich »al kimiya«, die arabische Alchemie, nach Europa und der Kaiser war an den Arbeiten dieser Wissenschaftler sehr interessiert.

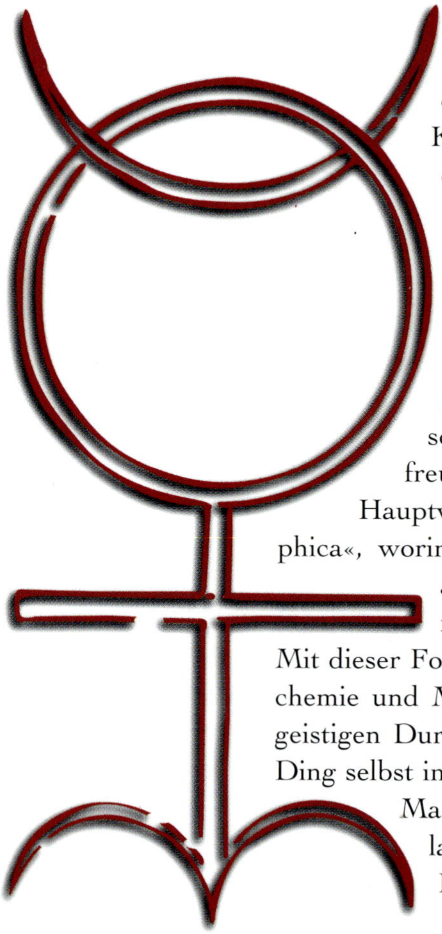

Dr. Dees »Monas Hieroglyphica« ist ein Werk, das großen Einfluss auf die Rosenkreuzerbewegung ausübte.

Dr. John Dee, der berühmte Mathematiker, Astrologe und Magier, der sich der Gunst der englischen Königin Elisabeth I. und des deutschen Kaisers Rudolf II. erfreute, widmete ihm 1564 sein Hauptwerk, die »Monas Hieroglyphica«, worin das Wesen der Schöpfung auf die Einheit von Kreis, Linie und Punkt reduziert wird. Mit dieser Formel verband er Kabbala, Alchemie und Mathematik, »um im Akt der geistigen Durchdringung des Symbols das Ding selbst in den Griff zu bekommen und Macht über die ganze Welt zu erlangen«.

Bald darauf begann Maximilian in der Nähe von Ebersdorf mit dem Bau von Schloss Neugebäude. Hier finden wir auffällige geometrische Anordnungen in der Gartenanlage und die vielen geheimnisvollen Säulen, die Franz I. Stephan später nach Schönbrunn übersiedelte. Auch die Menagerie aus Ebersdorf fand hier einen neuen Standort.

Die Fertigstellung seines Märchenschlosses, das einst das schönste Renaissanceschloss nördlich der Alpen war, erlebte Maximilian II. nicht mehr, nach seinem Tod im Juni 1576 wurde der Bau von seinem

Sohn und Nachfolger Kaiser Rudolf II. fertig gestellt. Auf Anordnung Kaiserin Maria Theresias wurde das Schloss in ein Pulvermagazin umgebaut und wesentliche Teile wurden abgetragen. Im hinteren Teil des einstmals prächtigsten Gartens Österreichs wurden gegenüber dem Wiener Zentralfriedhof 1922 ein Urnenfriedhof und das Krematorium von Architekt Clemens Holzmeister errichtet.

Eine würdevolle Verwendung für den Rest des Prachtbaus fand sich bis heute nicht.

1569, im selben Jahr, als mit dem Bau von Schloss Neugebäude begonnen wurde, kaufte Maximilian die Katterburg, die an der Stelle des heutigen Schlosses Schönbrunn stand, und begann sofort mit der Errichtung eines Tiergartens für Jagdwild und Federvieh, umgeben von einem Holzzaun, an dem fast drei Jahre gebaut wurde.

1574 kamen acht Biber, die zuvor an der Burgbastei gehalten wurden, hierher.

Maximilian begründete also die Tradition der Tierhaltung in Schönbrunn 180 Jahre

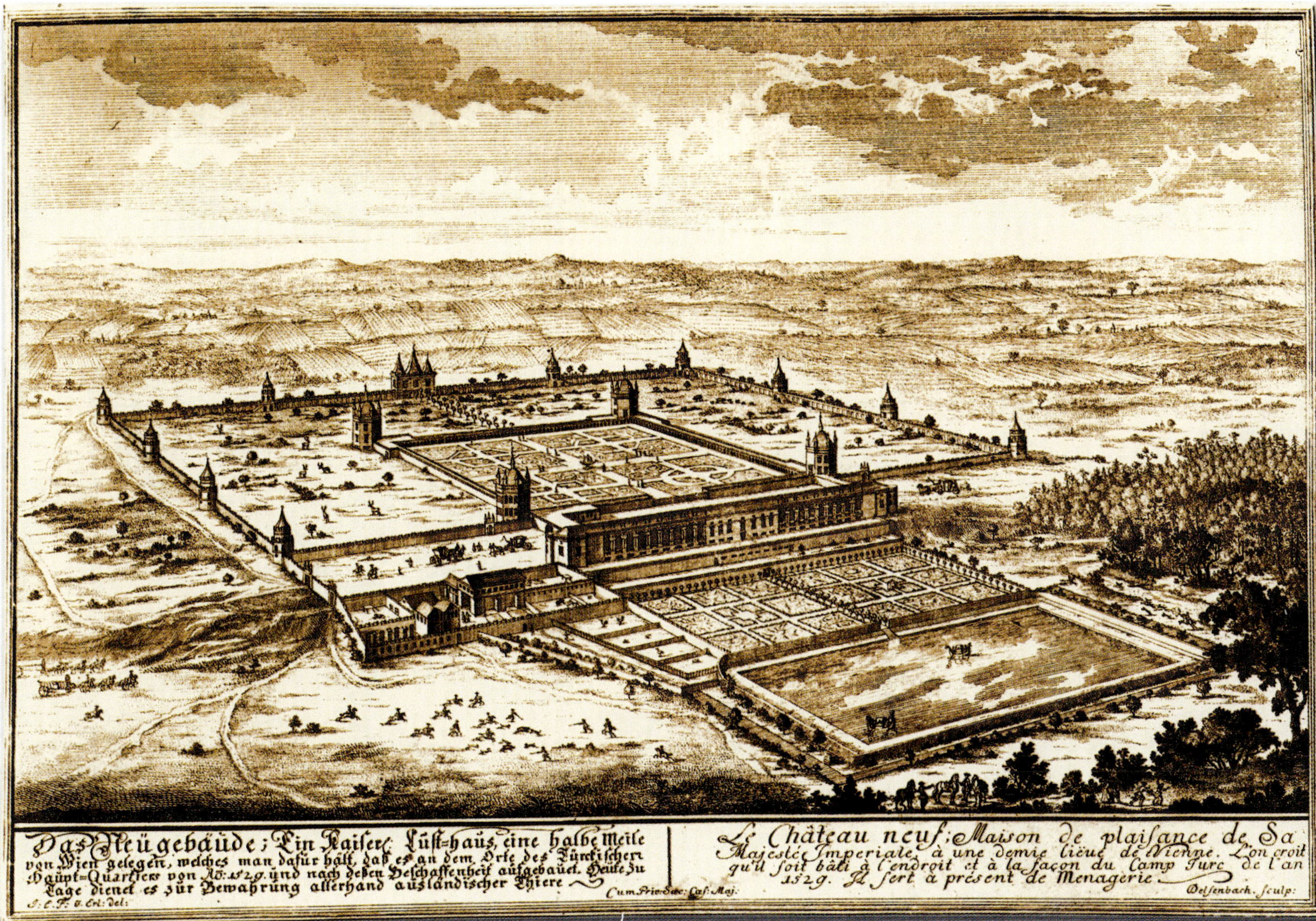

vor dem Bau der Menagerie Franz Stephans.

Auch bei den Schlössern Laxenburg (1572) und Meidling (1573) wurden solche Tiergärten errichtet.

Im Jahre 1603 blühten nahe der Katterburg, im heutigen Schlosspark von Schönbrunn, die ersten Kastanienbäume Österreichs. Der k.u.k. Hofbotaniker Carolus Clusius hatte sie nach Wien gebracht und eingepflanzt. Von hier eroberten die damals als exotisch geltenden Gewächse ganz Wien und sind heute aus dem Stadtbild nicht mehr wegzudenken.

Für die Wiener war deshalb ein Besuch in Schönbrunn, »wenn die Kastanien blühen«, ein Geheimtipp, der von Generation zu Generation weitergegeben wurde.

Die Bezeichnung »Schönbrunn« hat Kaiser Maximilian allerdings noch nicht verwendet.

Dieser Begriff wurde erst im nächsten Jahrhundert gebräuchlich, nachdem der »schöne Brunnen« entdeckt worden war, als Kaiser Matthias, der Sohn Maximilians, die von aufständischen Ungarn 1605 niedergebrannte Katterburg und die verwüsteten Park- und Gartenanlagen wieder herrichten ließ.

Im Jahre 1642 erscheint der Name »Schönbrunn« dann erstmals auch in einem amtlichen Schriftstück.

Schloss Neugebäude, der Prachtbau Kaiser Maximilians im heutigen Simmering, galt als schönstes Schloss nördlich der Alpen.

Giraffe

Königspinguine

Felsenpinguine

Na, so was

Afrikanischer Elefant

Kamtschatkabär

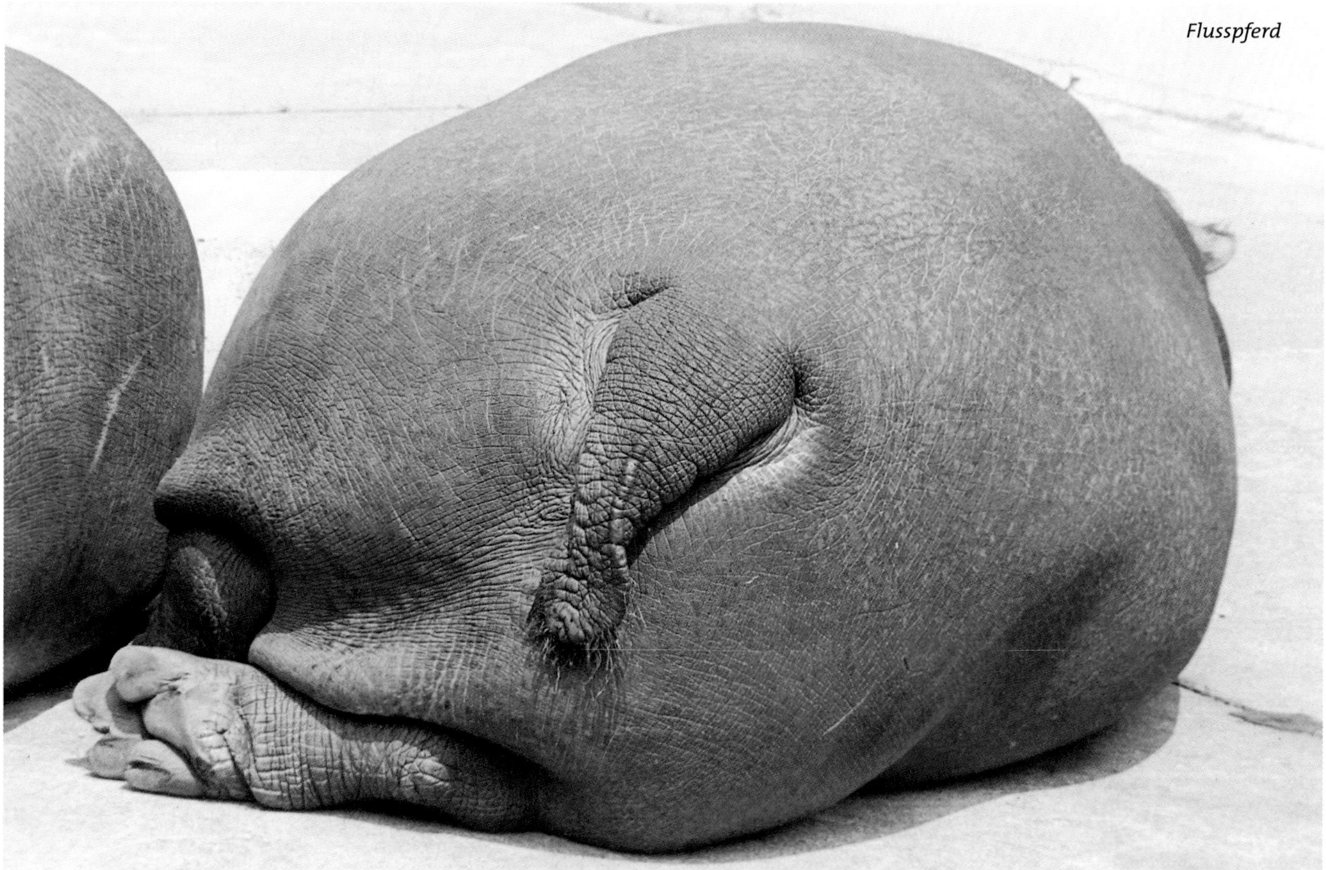
Flusspferd

Eisbär

Die Löwenbraut

Unter Maria Theresia gab es in Schönbrunn keine Löwen, Tiger oder andere Raubtiere. Die mütterliche Herrscherin, die 16 Kinder zur Welt brachte, erlaubte nicht, dass »Bestien« in der Menagerie gehalten wurden. Bestärkt wurde sie in ihrem Entschluss auch durch Unfälle, die sich in der Menagerie von Schloss Neugebäude ereignet hatten.
Einer dieser Unfälle ist als Geschichte von der »Löwenbraut« bis heute fester Bestandteil aller Wiener Sagen- und Geschichtsbücher und als Ballade von Adalbert von Chamisso auch eines der Lieblingsgedichte der Schulbücher geworden.
Es war an einem herrlichen Frühlingsabend und die raffinierten Gärten von Schloss Neugebäude standen in vollem Blumenschmuck. Kaiser Rudolf hatte wieder zu einem seiner glänzenden Feste geladen, bei denen die Gäste auch seine Menagerie mit Löwen, Tigern, Leoparden, Wölfen, Bären, Adlern und Falken besichtigen konnten.
Der große Saal im Schloss war prächtig geschmückt, Edelleute mit ihren Damen, der ganze Hofstaat war in festlicher Stimmung versammelt.
Der Chor hatte gerade sein Eröffnungslied beendet, als Berta, die erst vierjährige Tochter des Schlossverwalters Georg Glüheisen, bekleidet als Schutzgeist von Österreich, mit einem Füllhorn voll Blumen auf dem Arm in den Raum trat und im Namen aller Anwesenden ein herzliches Glückwunschgedicht aufsagte.
Dann donnerten die Salutschüsse, schmetterten die Trompeten und die Gäste jubelten. Es war ein fröhliches Fest und alle waren gut gelaunt, als die Stimmung jäh unterbrochen wurde und jedes Wort verstummte: Zum Entsetzen aller Anwesenden stand plötzlich ein majestätischer gelb-weißer Löwe im Saal.

Durch das Getöse der Trompeten und Kanonen wild geworden, hatte er den Käfig aufgebrochen und war mit schrecklichem Gebrüll in den Garten gestürzt und schließlich im Festsaal gelandet.
Schon eilten die Wachen herbei, um den gefährlichen Eindringling zu töten, da warf sich die kleine Berta an den Hals des Löwen und rief flehentlich: »Nichts zuleide tun meinem guten Löwen.«

Der Löwe, der »König der Tiere«, gilt wie der Adler als tierisches Herrschaftssymbol.

Beim Anblick des Kindes, das ihm für gewöhnlich das Futter brachte, wurde der Löwe sanft wie ein Lamm und ließ sich zum allgemeinen Erstaunen in seinen Käfig zurückführen.

Zu Maria Theresias Zeiten gab es keine Löwen: Die Kaiserin erlaubte keine »Bestien« in Schönbrunn.

Kaiser Rudolf, der alles beobachtet hatte, schenkte dem kleinen Mädchen den Löwen und sagte: »Führe von nun an den Namen Löwenbraut.«

Zwölf Jahre waren nach diesem Ereignis vergangen; aus der kleinen Berta war eine schöne junge Dame geworden, die alle Blicke auf sich zog.

Immer noch besuchte sie ihren Löwen, der voll Freude war, wenn sie kam, und traurig, wenn sie einmal ausblieb.

Wenn sie bei ihm im Käfig saß, legte er sein Haupt auf ihren Schoß, und sie kraulte seine mächtige Mähne. Dann schnurrte er zufrieden wie eine Stubenkatze – nur viel lauter.

Es kam die Zeit, da verliebte sich ein junger Soldat in die schöne »Löwenbraut« und hielt um ihre Hand an.

Auch Berta gefiel der Brautwerber Johann Rechberger, ein Jüngling von »kriegerisch-schöner« Gestalt.

Die Eltern segneten den Bund der Liebenden und das Vermählungsfest sollte binnen weniger Wochen gefeiert werden, da der Bräutigam die Weisung erhielt, sich bei seiner Reiterabteilung in Prag einzufinden.

An den Tagen vor der Hochzeit hatte Berta viel zu tun, so dass ihre Besuche bei dem Löwen immer seltener wurden, was diesen unendlich traurig machte.

Endlich kam der Hochzeitstag. Die schöne junge Braut wollte noch einmal ihren Löwen sehen, den sie nun nicht mehr pflegen sollte. Im weißen Brautkleid, das Haupt mit dem Myrtenkranz geschmückt, betrat sie den Käfig.

Mit sichtbarer Freude begrüßte der Löwe seine Herrin und schmiegte sich huldigend zu ihren Füßen.

Die »Löwenbraut« beugte sich weinend über ihn herab, schloss beide Arme um seinen mächtigen Kopf, legte die Wange auf seine Stirn und nahm mit rührenden Worten Abschied von ihrem Liebling.

Das Ende der »Löwenbraut«, in einer Darstellung des 19. Jahrhunderts.

Da funkelte plötzlich ein unheimliches Feuer aus den Augen des Tieres und ein drohendes Knurren kündigte den Ausbruch gewaltigen Zornes an.
Berta suchte das Tier durch sanfte Worte und Liebkosungen zu beruhigen und wollte sich von ihrem »Löwenbräutigam« losreißen, doch dieser erhob sich mit grässlichem Gebrüll und verwehrte ihr den Ausgang.
Mittlerweile war Bertas Bräutigam, Johann, erschienen, um in den Käfig einzudringen.
Da steigerte sich der Zorn des Löwen zu höchster Verzweiflung. Er drückte Berta zu Boden und verletzte sie tödlich.
Nun stach Johann zu: Vom Dolch des Bräutigams durchbohrt, sank der sterbende Löwe blutend an der Seite seiner toten »Löwenbraut« zu Boden.
Schmerzzerrissen kniete Johann neben seiner Berta nieder und gelobte, das Andenken an sie ewig treu im Herzen zu tragen. Tatsächlich hielt er diesen Schwur sein Leben lang.
Das Haus aber (Wien 1, Salzgries 13), wo Berta als glückliche Ehefrau hätte einziehen sollen, nannte der untröstliche Besitzer »Zur Löwenbraut«. Später wurde das Haus »Zum weißen Löwen« umbenannt.
Einen glücklichen Ausgang hingegen nahm ein Vorfall, der sich im Jahre 1665 abspielte. In der Menagerie von Schloss Neugebäude wurden der Tierwärter Hans Georg Salomon und seine Frau von einem Tiger angegriffen und schwer verletzt, jedoch wie durch ein Wunder gerettet.
Im Mirakelbuch des Wallfahrtsortes Maria Taferl wird darüber berichtet, weil die beiden nach der Rettung eine Votivtafel spendeten.

Frostiges Heim: Bei den Pinguinen herrschen immer antarktische Temperaturen.

Felsenpinguine

Königspinguine mit Jungen im Babyflaum

Die Zoofamilie wächst: Krauskopfpelikane mit Nachwuchs.

Tolle Show: Die Seehunde können viele Kunststücke, wenn es nachher Futter gibt. Da staunt sogar der Eisbär auf seinem Balkon.

Prinz Eugen und seine Menagerie im Schloss Belvedere

Die österreichische Monarchie, wie sie bis 1918 bestand, ist ohne den Prinzen Eugen nicht denkbar.
Darüber hinaus hat sein Wirken die europäische Geschichte entscheidend mitgeprägt.
Ohne ihn, den edlen Ritter, Feldherrn dreier Kaiser, Sieger über die Türken, Schöngeist, Freund der Wissenschaft, Bauherrn und Mäzen, wäre auch die Menagerie von Schönbrunn, wie sie 1752 gegründet wurde, nicht vorstellbar. Denn die Menagerie, die der Prinz 1716 im Park des Schlosses Belvedere errichtet hatte, war eines der Vorbilder für Schönbrunn.
Es waren kriegerische Zeiten: Das Osmanische Reich beantwortete die Aufforderung Karls VI. zur Einhaltung des Friedensvertrages mit einer Kriegserklärung an Österreich, im Gegenzug ritt Prinz Eugen, inzwischen 53 Jahre alt, mit seiner Armee wieder einmal gegen die Türken, die schließlich in Belgrad endgültig besiegt wurden.
Zuvor aber und zwischendurch fand er Zeit zur Errichtung seiner Menagerie am Hochplateau des Parks, noch vor dem Bau des oberen Schlosses, das seinen Namen Belvedere erst zur Zeit Maria Theresias bekam.

Prinz Eugen, der edle Ritter, auf seinem Standbild auf dem Heldenplatz in Wien.

Am höchsten Punkt des Grundstückes errichtete Eugen sieben durch Mauern getrennte Gehege, die sich gegen Osten strahlenförmig erweiterten und zusammen einen Winkel von 130 Grad bildeten. Aus einem zentralen Mittelraum, den ein kleeblattförmiges Bassin schmückte, konnte man die Tiere durch kostbare Gitter beobachten. Am hinteren Ende der Gehege standen kleine Häuschen, in denen die Tiere übernachteten. An der Längsseite wurden Baumreihen gepflanzt, die noch heute erkennbar sind.

Am Ende der Trennmauern, zwischen den kostbaren Gittern, wurden 16 Pilaster, Steinpfeiler mit herausgearbeiteten Köpfen griechischer Götter, errichtet.

Die Trennmauern und kostbaren Gitter sind heute nicht mehr vorhanden. Einige Pilaster sind an anderen Stellen des Belvederegartens erhalten geblieben.

Für die kalte Jahreszeit gab es gleich daneben eine eigene Wintermenagerie.

Wie später Kaiser Franz I. Stephan in Schönbrunn, betrieb auch Prinz Eugen ausgiebig Naturstudien. Mit seinem Park und der Menagerie als Medium wollte er geheimes Wissen erlangen, die kosmische Ordnung studieren und durch die Betrachtung der Tiere sich selbst erkennen.

Die Geometrie des Gartens mit Wasserwänden, Treppen und Götterstatuen bildete dabei die Darstellung des Kosmos, in der die Elemente walteten und Götter regierten, die Statuen stellten den Jahreslauf und die steinernen Vasen die Jahreszeiten dar.

Wie im Stiegengeländer in Schönbrunn findet sich auch auf der Rampe im Belvederegarten ein geheimnisvolles Zeichen, das die Verbindung von Himmel und Erde symbolisiert: die Erde als Quadrat, der Himmel als Kreis. Ein Symbol, das auch in Peking, am Platz des himmlischen Friedens, zu finden ist und vermuten lässt, dass Prinz Eugen über geheimes alchemistisches Wissen aus China verfügte.

Die Menagerie des Prinzen galt als ebenso schön wie die im Garten des Schlosses Versailles in Paris. Durch die wunderbaren Kupferstiche Salomon Kleiners und die Berichte verschiedener Reiseschriftsteller konnten Zoologen 38 Arten Säugetiere und 59 Arten Vögel identifizieren.

Die Menagerie des Prinzen Eugen im Garten von Schloss Belvedere in Wien.

Der Löwe des Prinzen Eugen.

Die geheimen Zeichen auf der Rampe im Belvederegarten.

Der Adler des Prinzen Eugen.

Es gab Affen, Stachelschweine, Pfaue, Papageien, Strauße, Pelikane, Hyänen, einen Wolf, Steinböcke, Dam- und Rotwild, fremdländische Schafe, ein Rentier, Raubvögel, darunter ein Steinadler, den Prinz Eugen selbst fütterte, und einen zahmen Löwen, der einmal sogar bei einer Tafel erschien, ein Paar Auerochsen, ein Geschenk von Friedrich Wilhelm I., und viele andere Tiere mehr. Für die Unterbringung seiner gefiederten Lieblinge errichtete er im Garten des Unteren Belvedere eine große Voliere, die an ein Türkenzelt erinnerte und in der sich das Wasser für die Vögel in geometrisch angeordneten Tränkrinnen befand.

Der Tod des Prinzen

Am Abend vor dem 21. April 1736 traf sich der Prinz mit seinem Freund Graf Windisch-Grätz sowie dem schwedischen und dem portugiesischen Gesandten zum Kartenspiel.

Gegen 21 Uhr überkam ihn der Schlaf, seine Gäste verabschiedeten sich und der Diener brachte seinen Herrn zu Bett. Mit der Gesundheit des Prinzen stand es sehr schlecht; schwere Atemnot plagte ihn seit längerer Zeit.

Um Mitternacht schaute der Lakai deshalb noch einmal nach seinem Herrn und fand ihn ruhig schlafend.

Gegen 3 Uhr früh gab es plötzlich Aufregung im Schloss, über die der Aufseher der Menagerie berichtete: »Wider alle Gewohnheit begann der Löwe des Prinzen um 3 Uhr früh entsetzlich zu brüllen, und von selbiger Stunde bezeiget er sich ungemein traurig, habe wenig mehr gefressen und gesoffen und ist bald darauf gestorben.«

Am Morgen, als das Klingelzeichen des Prinzen ausblieb und auch sein Husten nicht zu hören war, betrat der Diener das Schlafgemach.

Er fand seinen Herrn im Bett liegend, wie er ihn verlassen hatte. Prinz Eugen von Savoyen war tot.

Seine Züge strahlten Ruhe aus; der Feld-

herr vieler Schlachten war friedlich eingeschlafen, ohne letzte Worte und ohne Testament. Im Befund der Ärzte steht: »Tod durch Lungenstau, gegen 3 Uhr früh.«
Genau zu dieser Zeit hatte auch sein Löwe mit dem Leben abgeschlossen.
Nach dem Tod des großen Prinzen machte die Erbin, seine Nichte Viktoria, alles zu Geld und heiratete den um zwanzig Jahre jüngeren Prinzen von Sachsen-Hildburghausen. Nach sechs Jahren vermittelte dann Maria Theresia die Scheidung dieser »Vernunftehe«.
Das Schloss samt allen Natur- und Kunstschätzen wurde von Kaiser Karl VI., dem Vater Maria Theresias, erworben.
Die kostbare Bibliothek des Prinzen Eugen bildet noch heute einen der größten Schätze der Österreichischen Nationalbibliothek.
Die Menagerie wurde aufgelöst, die meisten Tiere nach Schloss Neugebäude übersiedelt.
Der Weißkopfgeier, den Prinz Eugen schon 1706, zehn Jahre vor der Errichtung seiner Menagerie, erworben hatte, durfte im Belvedere bleiben, wo er zur Jahreswende 1823 verstarb – nach 117 Jahren in der Obhut der Menschen.
Napoleon, der Prinz Eugen zu den sieben bedeutendsten Heerführern der Geschichte zählte, soll 1805 sinnend vor dem Vogel gestanden sein, »dem einzigen noch lebenden Wesen, dessen Augen den Prinzen gesehen hatten«.

Auch Pfau (oben) und Stachelschwein (unten) sah man in der Menagerie des Prinzen Eugen.

Manul-Katze, das Prachttier aus den Steppen Innerasiens.

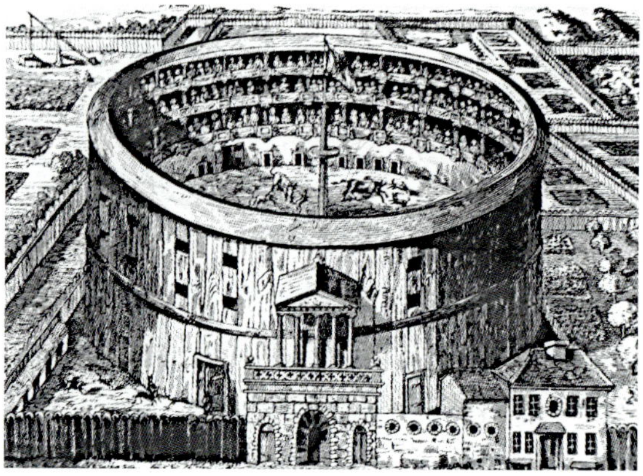

Das Hetztheater

Das Hetztheater war ein 3000 Personen fassendes, hölzernes Amphitheater mit drei Galerien, in dem an Sonntagen zur Begleitung von türkischer Musik geschwächte Löwen, Tiger und Bären, aber auch andere unschuldige Tiere von großen Hunden »gehetzt« und gemartert wurden.
Für dieses abscheuliche Schauspiel zahlten die johlenden Besucher hohe Eintrittspreise, die der Armenkasse zu Gute kamen.
1766 brach ein Brand aus und vernichtete diese widerlichste Form der Tierhaltung, die je auf Wiener Boden stattfand.
Fast alle Tiere verbrannten, nur ein großer Auerochs konnte seinen Käfig in Panik aufsprengen und wurde gerettet. Er übersiedelte nach Schönbrunn.
Joseph II., der selbst einmal einen Löwen und einen Tiger dem Hetztheater geschenkt hatte, verbot den Wiederaufbau mit den Worten: »Neu erbaut soll die Hetze nicht mehr werden. Sie bot für mich ein Schauspiel, das mich anwiderte, und von dem ich nie begriff, wie denn meine Wiener es mit Vergnügen sehen konnten.«
Das Theater befand sich zwischen der heutigen Hetzgasse 2 und der Hinteren Zollamtsgasse 13 im 3. Bezirk.
Die wienerische Bezeichnung »Hetz« für Spaß und Vergnügen erinnert an diese grausamen Veranstaltungen.

Kindersegen bei den Syrischen Braunbären: Unter den wachsamen Augen der Mama wachsen die Babys heran …

Sibirische Tiger:
Mutter mit Sohn
beim vergnügten Spiel.

Stolzer Vater »Vladimir«, liebevolle Mutter »Sirih« und süßes Baby »Jungly«: Glückliche Orang-Utan-Familie im Tiergarten. Zum 1. Geburtstag gab es eine Früchtetorte von der »Kronen Zeitung«.

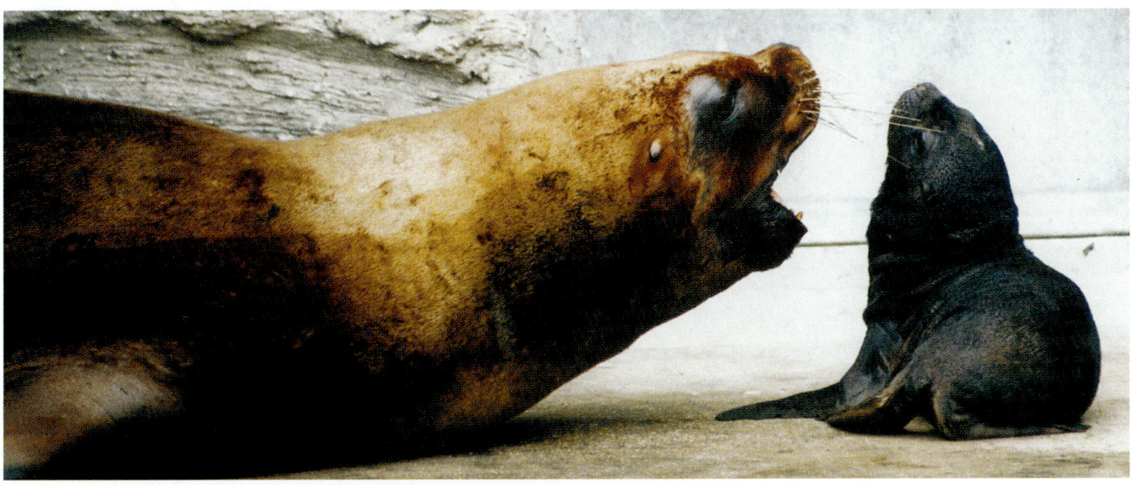

Mutterliebe im Zoo der glücklichen Tiere: Schneeziegen (links oben), Lamas (oben), Mähnenrobben (links), Keas (unten).

Wunder der Natur: Bei den Przewalsky-Wildpferden ist ein Fohlen geboren worden. Schon nach wenigen Minuten steht es auf eigenen Beinen, kann an der Muttermilch naschen und mit der Herde mitziehen. Nur so kann es in freier Wildbahn überleben.

Am 7. August 1828
kam die erste
Giraffe nach Wien.

Napoleon in Schönbrunn

Im November des Jahres 1805 herrschte in der Schönbrunner Menagerie große Aufregung: Napoleon, der Kaiser der Franzosen, zog mit seiner Armee durch Europa und näherte sich den Toren Wiens.
Am 14. November 1805 war es soweit: Napoleon erreichte das Schloss Schönbrunn und erklärte es zu seiner Residenz. Noch am selben Tag erschien Marschall Murat, der Schwager Napoleons und spätere König von Neapel, mit einigen Stabsoffizieren in der Menagerie und garantierte Direktor Franz Boos den kaiserlichen Schutz für die Anlage.
Tags darauf zog Napoleon nicht nur fast kampflos in Wien ein, er besuchte am Morgen auch noch persönlich die Menagerie und wiederholte seine Zusage: Die Menagerie Schönbrunn stand unter seinem Schutz. Dadurch war sie auch vor Übergriffen der Soldaten sicher.

Napoleon ließ auch keine Tiere nach Paris mitgehen, nahm aber dankbar die Geschenke der Menagerie an: zwei lappländische Pferde, ein Riesenkänguru und zwei Biber.
Auch 1809, vor der Schlacht von Aspern, als Napoleon zum zweiten Mal in Schönbrunn logierte, hielt er seine Hand schützend über die Menagerie. Nur der Auerochs, der nach dem Brand des Hetztheaters seinen Lebensabend in Schönbrunn verbrachte und mittlerweile gestorben und eingegraben war, wurde von französischen Soldaten geborgen und der Balg sowie das Skelett an das Naturhistorische Museum in Paris gesandt.
Heute werden tote Tiere im Tiergarten Schönbrunn nicht mehr vergraben, sondern dem Naturhistorischen Museum in Wien zur Verfügung gestellt. Erinnerungen an Napoleon und die Schlacht bei Aspern kann man im liebevoll eingerichteten Heimatmuseum in Deutsch-Wagram sehen. Auch diese Napoleonfigur befindet sich dort.

Kaiserlichen Schutz für die Menagerie und eine Paris-Reise für den toten Auerochsen.

Die erste Giraffe in Wien

Obersthofmeisterakt über die Ankunft der Giraffe in Laxenburg, der letzten Station vor Schönbrunn.

Im Jahre 1828 herrschte wieder Aufregung in Wien, diesmal aber aus freudigem Anlass: Die erste Giraffe wurde erwartet.

Das war eine Sensation ersten Ranges: Seit Jahrhunderten hatte so ein Tier nicht mehr Europa erreicht. Dabei war die erste Giraffe schon vor Christi Geburt nach Rom gekommen; Julius Caesar hatte sie aus Äthiopien holen lassen.

Auch aus dem 3. Jahrhundert gibt es Berichte über Giraffen in Rom. Die letzte Information stammt aus dem Jahr 1486. Da hat Lorenzo de Medici vom Bey von Tunis eine Giraffe als Geschenk erhalten und in seinem Schloss in Fano im Herzogtum Urbino gehalten.

Seither gab es keine Giraffen mehr in Europa, und über die Alpen war überhaupt noch nie ein solches Tier gekommen.

Nun sollte, nach Paris und London, auch Wien eine lebende Giraffe erhalten und »im Genusse des Anschauens wie im Taumel schwelgen«, wie ein Zeitgenosse berichtete.

Spender des Tieres war Mehemed Ali, der Vizekönig von Ägypten, der schon den französischen und englischen Herrschern Giraffen zugesandt hatte.

In Darfur, heute Sudan, wurden zwei einjährige Giraffen, ein Männchen und ein

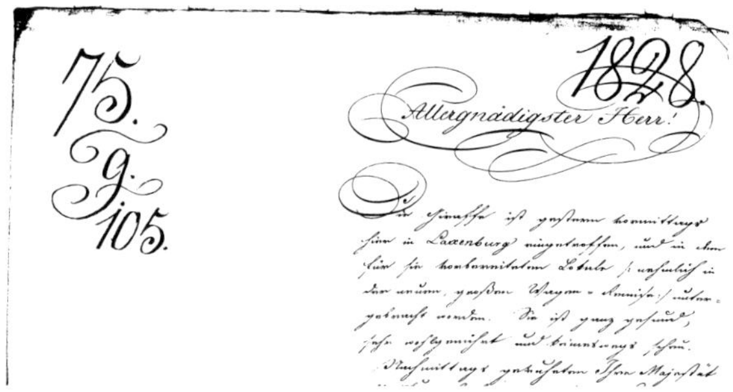
75.
9.
105.
1828
Allergnädigster Herr!

Weibchen, gefangen und auf dem Nil nach Kairo gebracht.

Hier durfte sich der österreichische Generalkonsul eines der Tiere aussuchen.

Er wählte das Weibchen, weil er der Meinung war, dass »Weibchen die Gefangenschaft weit besser vertragen als Männchen«.

Das ausgewählte Tier wurde nun nach Alexandria gebracht, wo es Quartier bezog, da in Europa mittlerweile der Winter eingezogen war.

Die Weiterfahrt sollte im kommenden März beginnen. Kurz vor der Abreise erkrankte jedoch das Tier. Also wurde der Giraffen-Bulle aus Kairo geholt.

Am 30. März 1828 war es dann soweit: Mit zwei Kühen, deren Milch sie ernährte, reiste die Giraffe unter Aufsicht von Kapitän Leva und eines arabischen Wärters mit dem Schiff quer durch das Mittelmeer nach Venedig, wo sie am 27. April ankam und auf der Insel Poveglia eine vierzigtägige Quarantänepause einlegte.

Dorthin war auch der Wiener Tierwärter Aman gekommen, um sich mit der Giraffe vertraut zu machen.

Am 8. Juni ging es schließlich weiter nach Fiume, dem heutigen Rijeka, wo das Schiff am 15. Juni eintraf.

Nun wurde die Reise zu Fuß fortgesetzt. Damit das schöne Tier vor Verzauberung und Krankheit sicher war, wurde ihm von seinem arabischen Wärter ein Säckchen mit Kräutern umgehängt, und um seine Hufe vor Abnützung zu schützen, trug es lederne

Die Giraffe in ihrem Spezialwagen und mit ihren beiden Wärtern auf Aquarellen von Eduard Gurk, 1828.

Schnürschuhe. Bis Karlstadt wurde die Giraffe am Halfter geführt, dann aber zeigte sie Ermüdungserscheinungen und wollte nicht mehr marschieren. Nun durfte das wertvolle Tier in einem eigens gebauten Wagen weiterreisen, der gut abgefedert und innen bequem ausgepolstert war. Ein Leinwanddach schützte vor der Witterung.
Eine richtige Karawane war da auf dem Weg nach Wien: Im ersten Wagen fuhren der Transportkommissar und Kapitän Leva, dann kam das Fuhrwerk der Giraffe, in dem sich auch die beiden Tierwärter befanden. Am Schluss fuhren drei Leiterwägen, auf denen eine Ziege, die beiden Kühe mit dem Kalb, das Gepäck und Gerätschaften transportiert wurden. Vier Mann Militäreskorte begleiteten den Zug.
An jeder Station war für die Giraffe ein Stall vorbereitet, der vor Feuchtigkeit, Kälte und Zugluft geschützt und dessen Boden 31 Zoll mit Sand bestreut war.
Außerdem wurde darauf geachtet, dass die Temperatur stets zwischen 12 und 15 Grad Celsius betrug.

Giraffe vor dem Schönbrunner Kaiserpavillon.

Giraffendarstellung auf einem Porzellantablett der Wiener Porzellanmanufaktur.

Zum Schutz vor plötzlichem Schlechtwetter zwischen den Stationen wurde ein geräumiges Zelt mitgeführt. Außerdem gab es für die Giraffe zwei Spezialdecken – eine aus Wolle, die andere aus Wachsleinwand. Sie bedeckten Kopf, Hals und Körper des Tieres und schützten es so vor Kälte und Nässe.

Man kann sich gut vorstellen, wie groß das Aufsehen war, das diese ungewöhnliche Reisegruppe auf ihrem Marsch verursachte.

In Schönbrunn wurde inzwischen das Giraffenhaus vorbereitet.

Damit es darin schön warm war, hatte man sich eine Bio-Heizung ausgedacht. Die Behausung stand mit einem Stall, der vier Kühe beherbergte, in Verbindung, so dass natürliche Wärme entstand. Bei großer Kälte wurde zusätzlich geheizt.

Der Bau erwies sich als so zweckmäßig, dass er bis heute praktisch nicht geändert werden musste und die Giraffen immer noch darin wohnen, allerdings ohne Kühe.

Letzte Station vor Schönbrunn war das Schloss Laxenburg, wo die Giraffe in der großen Wagen-Remise untergebracht wurde und am Nachmittag hohen Besuch bekam: Erzherzogin Marie-Luise erschien mit dem Herzog von Reichstadt, also Napoleons Sohn, mit Erzherzog Carl und dessen Familie und mit den Erzherzögen Anton und Ludwig. Alle waren erfreut über die Lebhaftigkeit und den völlig gesunden Zustand des seltsamen Tieres, das während der mehr als vier Monate langen Reise an Größe und Gewicht kräftig zugenommen hatte. »Auch die drei Ziegen, welche mit der Giraffe angekommen sind, befinden sich gleichfalls sehr gut. Ihr Haar ist ungemein fein und glänzt wie Seide. Sie sind weiß und ganz ohne üblen Geruch«, berichtete am nächsten Tag der Obersthofmeister seinem »allergnädigsten Herrn«.

Am 7. August 1828 war es endlich soweit: Die Giraffe kam wohlbehalten in Wien an und die ganze Stadt war begeistert: Alt und Jung strömte nach Schönbrunn, um das »Modetier« zu sehen. Der Tiergarten konnte die Menschenmassen kaum aufnehmen. Ständig drängten sich neugierige Giraffenfreunde vor den Gittern.

Zu Ehren des Neuankömmlings wurde am 19. August 1828 in Penzing, im Etablissement zur »Blauen Weintraube«, ein großes »Giraffen-Fest« veranstaltet, bei dem die Wärter als Ehrengäste geladen waren.

Schönbrunner Bärenkäfig in der Biedermeierzeit, erschienen in »Bäuerles Theaterzeitung«.

Als Damenspende gab es damals Blumensträuße, aus denen eine Giraffe aus Zucker hervorguckte.
Wie schon zuvor in Paris und London brach auch in Wien eine Modewelle »à la Giraffe« aus:
Hüte, Kleider, Frisuren, Handschuhe, Ohrgehänge, Tabaksbeutel, Aschenbecher, Trinkgefäße, alles »à la Giraffe«.
Sogar ein eigenes Gebäck, die »Giraffeln«, wurde erfunden.
Es gab Giraffen-Klaviere, bei denen der Resonanzboden steil emporragte, und man tanzte den Giraffen-Galopp.
Im Leopoldstädter Theater, dem späteren Carltheater, spielten Ferdinand Raimund und Therese Krones in Adolf Bäuerles Stück »Die Giraffen in Wien« oder »Alles à la Giraffe«.
Das Stück gefiel den Wienern nicht; trotz der beliebten Darsteller wurde es »ausgezischt« und verschwand bald vom Spielplan.
Selbst bei größter Fürsorge und Pflege war dem Geschenk aus Ägypten in Wien kein langes Leben beschieden.
Kaum zehn Monate nach der Ankunft starb die Giraffe am 20. Juni 1829 an Knochen-Tuberkulose. Ganz Wien trauerte, und Ferdinand Raimund sang am 25. August 1829 im Theater in der Leopoldstadt:

Das Giraffenhaus von 1828, das auch heute noch verwendet werden kann.

»Seit die Giraffe ist tot,
Sind Schleifen die Mod,
Sechs Schleifen auf dem Hut,
Es wird einem fast nicht gut.
Und auf dem Hals, verdammt,
Eine Schleife gar von Samt ...«

Erst 23 Jahre später kamen wieder Giraffen nach Wien. Und von nun an ging es bergauf: Am 20. Juli 1858 kam in Schönbrunn das erste Wiener Giraffenbaby, ein Mädchen, zur Welt; und bis zum heutigen Tag gab es immer wieder Giraffennachwuchs im Tiergarten Schönbrunn.

Die Giraffen in Schönbrunn wohnen in der historischen Anlage von 1828 in Gesellschaft von Schwarzkopfschafen, Marabus und Hornraben.

Kaiser Franz Joseph I., der morgendliche Fremdgeher und Tiergartenbesucher

Das Wasser in der Gummibadewanne war stets kalt, aber schon am Vorabend eingelassen worden; täglich um 4 Uhr früh leistete sich Kaiser Franz Joseph das frostige Vergnügen, darin zu baden. Dann kamen der Friseur, der den berühmten Kaiserbart zurechtstutzte, und der Manikürer, der die erlauchten Hände pflegte.

Beim Ankleiden war Leibkammerdiener Eugen Ketterl behilflich, der berichtete: »Wenn der Kaiser seine Morgentoilette beendet hatte, kniete er zu einer kurzen Andacht auf dem Betstuhl nieder und begab sich dann, ohne etwas zu sich genommen zu haben, an den Schreibtisch, um zurechtgelegte Akten aufzuarbeiten.«

Goldene Büste des Kaisers im Kurpark von Hinterbrühl bei Mödling.

Um diese Zeit stellte sich auch Leibarzt Dr. Widerhofer (in späteren Jahren Hofrat Kerzl) zur Morgenvisite ein.

Um 5 Uhr brachte Ketterl dann das Frühstück, das am Schreibtisch eingenommen wurde: Kaffee, Butter, Gebäck und, mit Ausnahme der Fasttage, Schinken.

Eugen Ketterl: »In den letzten Jahren nahm Seine Majestät Tee, aber so stark, dass sich das ganze Kammerpersonal von der einen Portion nachher noch sehr gute Abgüsse machen konnte.«

Dazu studierte der Kaiser die Morgenausgabe der »Fremdenzeitung«, der einzigen Zeitung, die er las (abgesehen von den rot angestrichenen Artikeln anderer Medienprodukte, die ihm vorgelegt wurden), und rauchte seine Zigarre, eine »Regalia media«. Dann unternahm er bei jedem Wetter einen Morgenspaziergang in den Tiergarten.

»Die Gewohnheit, sich noch vor den Hühnern vom Bette zu erheben, hat Seine Majestät schon von jeher gehabt«, erinnerte sich Generaladjutant Eduard Graf Paar, der immer wieder schaudernd davon erzählte, wie er früher mit dem Kaiser auf der Bastei spazieren gehen musste, und zwar zu einer Stunde, da noch alles im Morgenschlummer ruhte und »man höchstens einem verschlafenen Milchmädchen begegnete«.

»Verschlafene Milchmädchen« traf der Kaiser bei den Spaziergängen durch die Menagerie keine, dafür hatte er Begegnungen ganz anderer Art. Während man bei Hofe meinte, »Majestät beobachte das Erwachen der Tiere«, nutzte der die Gelegenheit und schlüpfte gleich hinter der Menagerie

Das Haus der Anna Nahowski in der Maxingstraße, gegenüber das Tor in der Schlossparkmauer.

Anna Nahowski, die langjährige Geliebte des Kaisers Franz Joseph.

durch eines der Türchen auf die Maxingstraße, die damals noch Hetzendorfer Straße hieß und eine stille Seitenstraße war. Heute ist sie eine Hauptverkehrsader des 13. Bezirks.

Dort, auf Nummer 49, gegenüber dem oberen Tor, wohnte Anna Nahowski, die fast 14 Jahre lang die »heimliche Geliebte« des Kaisers war.

Am anderen Ende des Häuserblocks, in der Gloriettegasse 19, Ecke Wattmanngasse, wohnte dann später die »liebe, gute Freundin«, die k. u. k. Hofschauspielerin Katharina Schratt, die einst Kaiserin Elisabeth ihrem Mann vermittelt hatte.

Diese beiden Damen pflegte der Monarch mit morgendlichen Besuchen zu beehren; der Weg durch die Menagerie war vom Schloss aus der kürzeste.

Um 6 Uhr früh im Schlosspark hatte auch die Beziehung zwischen der verheirateten Anna Nahowski und dem um fast 30 Jahre älteren Franz Joseph begonnen.

Die damals Sechzehnjährige hatte den knapp 45-jährigen Kaiser beim Morgenspaziergang mit ihrem Dienstmädchen Lini getroffen.

Bei dieser ersten Begegnung am 8. Mai 1875 war sie noch erschrocken davongelaufen. Doch die Scheu der jungen Frau hatte sich bald gelegt und sie sah den Kaiser während weiterer Morgenspaziergänge immer wieder.

Kaiserlicher Sex um sechs bei Regen im Tirolergarten

Bärenkäfig zur Zeit Kaiser Franz Josephs und gemütliches Bärenleben im Tiergarten von heute: Brillenbär beim Mittagsschläfchen.

Beim ersten Rendezvous, im strömenden Regen, wird sie von Franz Joseph gebeten, »ihn zu küssen«, und Anna verrät ihrem Tagebuch: »Ich hab' ihn wahrhaftig geküsst. Ich fühle es noch, der Bart war vom Regen nass.« Anfängliche Bedenken gegen die Leidenschaft des Kaisers gab Anna erst nach einem klärenden Gespräch mit ihrer Mutter auf, die der Ansicht war, »dass Gehorsam gegenüber dem Kaiser oberste Bürgerpflicht sei und eine kaiserliche Liebeserklärung zudem eine allerhöchste Auszeichnung«.

Jetzt wurde ein abgesperrter Teil des Tirolergartens zum Liebesnest der beiden.

Anna: »Ein Glück, dass alle zum so frühen Aufstehen zu faul sind, ist es einmal 6 Uhr früh, ist keine Gefahr mehr. Für diesen Tag ist das Märchen vorbei.«

Was Anna, vielleicht auch Franz Joseph nicht ahnten: Jeder ihrer Schritte wurde überwacht. Die Geheimpolizei war nicht zu faul zum »so früh Aufstehen« und wusste genau Bescheid.

Der Kaiser versorgte Anna reichlich mit Geld; so konnte sie ein Haus in Hetzendorf, später eines in der Maxingstraße kaufen.

Anna Nahowski war 29 Jahre alt, bereits ein zweites Mal verheiratet und hatte drei Kinder, das vierte war unterwegs, als die Beziehung am 14. März 1889 zu Ende ging:

Nach dem Drama von Mayerling am 30. Jänner 1889 war dem Kaiser die Beziehung zu Anna zu gefährlich geworden.

Der Tod des Kronprinzen hatte Österreich weltweit schlechte Schlagzeilen gebracht, denn die Zensur war ja außerhalb des Landes wirkungslos.

Die Nachricht: »Verheirateter Kronprinz wird mit minderjähriger Geliebten tot im Bett aufgefunden«, war schon schlimm genug; dass er aber möglicherweise erst sie, dann sich selbst erschossen hatte, also Mörder und Selbstmörder war, wie weltweit zu lesen stand, war eine Katastrophe.

Da fehlte nur noch die Geschichte vom verheirateten Vater und Kaiser von Gottes Gnaden, der mit einer 30 Jahre jüngeren, verheirateten Frau ein Verhältnis und Kinder hat. Die Angelegenheit war zu gefährlich für das Ansehen des Vaterlandes und den Bestand der Monarchie, für das Erzhaus, für die Beziehung zum Heiligen Stuhl usw. und musste sofort beendet werden.

Auch dürften dem mittlerweile fast 60-jährigen Kaiser die morgendlichen Liebesspiele

Brillenbär

allmählich zu anstrengend geworden sein, denn seine Besuche bei Anna erfolgten in immer längeren Abständen. Seit zwei Jahren kannte er außerdem die Hofschauspielerin Katharina Schratt; bei ihr war alles viel bequemer.

Ohne mit Anna noch einmal zu sprechen, reiste Franz Joseph nach Ungarn und beauftragte dort seinen Vermögensverwalter Freiherrn von Mayr, die Angelegenheit mit einem Geldgeschenk zu beenden.

Gegen eine schriftliche Erklärung – »Schwöre ich, dass ich über die Begegnung mit Seiner Majestät jederzeit schweigen werde« – wurden ihr sofort 200.000 Gulden (mehr als 20 Millionen Schilling) in bar ausbezahlt; eingewickelt in graues Papier und mit Spagat verschnürt.

An diesen Schwur hielt sich Anna Nahowski, auch ihr Tagebuch blieb lange verborgen.

Ihre Tochter Helene, die 1911 den damals noch unbekannten Komponisten Alban Berg heiratete, verlangte allerdings in ihrem Testament ausdrücklich die Veröffentlichung dieser Aufzeichnungen. Sie landeten versiegelt mit dem Nachlass Alban Bergs in der Musikaliensammlung der Österreichischen Nationalbibliothek und wurden erst 1985 geöffnet.

Zwischen Alban Bergs Notenblättern lag der Beweis für Franz Josephs Seitensprünge.

Mit Katharina Schratt, die um sechs Jahre älter als Anna Nahowski war, hatte es Franz Joseph tatsächlich bequemer. Seine Besuche bei ihr mussten nicht vor der Familie geheim gehalten werden, war diese Freundschaft doch durch Vermittlung der Kaiserin Elisabeth entstanden, die voll Schuldgefühl über ihren Gatten gedichtet hatte:

»Deine früh ergrauten Haare,
Stillen Vorwurf sprechen sie;
Und die Treue langer Jahre,
Ich verdiente sie wohl nie.«

Was sie allerdings wirklich über die »Freundin« und den Umgang mit dem Kaiser dachte, schrieb sie in ihr geheimes Tagebuch: »Kehrt heim von seiner Kuh, o welch ein Ochs bist du!«

Franz Joseph aber war glücklich, spazierte mit Katharina durch den Schlosspark, zeigte ihr die Menagerie, wo sie gemeinsam den Bären fütterten, und führte sie auch in den (versperrten) Tirolergarten. Dabei wurden sie von Anna Nahowski beobachtet, die mit ihm darüber beim nächsten Treffen heftig in Streit geriet, aber vom Kaiser beruhigt wurde. Er schwor, schrieb sie in ihr Tagebuch, dass es »nur Freundschaft ist und er diese Frau noch niemals mit einem Finger berührt hat«.

Als dann ein Jahr später die Beziehung mit Anna Nahowski zu Ende war, konnte sich Franz Joseph ganz auf Katharina Schratt konzentrieren, die ebenfalls verheiratet war, aber von ihrem Mann getrennt lebte.

Was dem Glück noch fehlte, war ein Haus in günstiger Lage für die morgendlichen Besuche.

Katharina Schratt, k. u. k. Hofschauspielerin aus Baden bei Wien, lebte drei Jahrzehnte an der Seite des Kaisers von Österreich.

Als erstes ließ Katharina Schratt bei Anna Nahowski anfragen, ob ihr Haus zu verkaufen sei, was diese ablehnte.

»Er würde im selben Zimmer sitzen mit einer anderen«, schrieb sie verärgert in ihr Tagebuch. Schließlich konnte das Haus in der Gloriettegasse 19 erworben werden; nicht weit vom »Fenstertürl« in der Schlossparkmauer.

Hier konnte die Schauspielerin den Kaiser bequem und nahezu unbemerkt empfangen.

Franz Joseph dankte ihr die Freundschaft, indem er ihr Unmengen Schmuck schenkte, ihre Schulden bezahlte und sie ausreichend mit Geld versorgte: Trotz verlustreicher Roulett-Spiele in Monte Carlo wurde die Schratt, als Tochter eines Kaufmanns in Baden bei Wien geboren, eine wohlhabende Frau.

Außerdem sandte ihr Franz Joseph pausenlos Briefe. Die Anrede darin steigert sich von »Meine gnädige Frau«, über »Theuerste Freundin« bis zu »Meine liebe, gute Freundin«. 900 solcher Schreiben mit insgesamt 3798 Seiten sind in der Nationalbibliothek erhalten geblieben und erschrecken teilweise durch ihren kindischen Inhalt; schließlich war der Schreiber jahrzehntelang Herrscher eines Weltreiches gewesen.

»Heute schneit es den ganzen Tag und ist recht melancholisch; wie heiter wäre dieser Schneefall zu einer Schönbrunner Promenade. Und wenn der Berg zum Tirolergarten wieder glatt wäre, dürfte ich sie vielleicht am Arme führen ...«, schrieb Franz Joseph zum Beispiel am 18. Februar 1888.

Kaiserliche Fütterung: Papier für die Mähnenschafe, Torte für den Affen

Besondere Freude hatte der Kaiser, wenn er mit Frau Schratt oder seiner Enkelin in den Tiergarten wanderte, um Tiere zu füttern und »die schönen Mähnenschafe mit Brot und Papier betheilte, welch Letzteres sie zur minderen Befriedigung unseres Freundes Kraus (Tiergartendirektor) mit Vorliebe fressen«.

Beim Tierefüttern erzielte Franz Joseph auch außerhalb des Tiergartens verblüffende Erfolge. Der kleine Affe im Hause Schratt aß Torten nur dann, wenn sie ihm vom Kaiser gereicht wurden, sonst warf er sie aus dem Käfig.

Genauso wie Kaiserin Elisabeth irrte, als sie an Franz Josephs eheliche Treue glaubte, genauso irrte Leibkammerdiener Ketterl, als er meinte, dass der Kaiser nach dem Frühstück um 5 Uhr bis zum Mittagessen nichts mehr zu sich nehme. Denn der hatte sich mittlerweile für die Erotik des Alters, für ausgezeichnetes Essen, entschieden. Und Frau Schratt sorgte für ihren frühen Gast.

Neben dem stets frischen Gugelhupf, Milch und Obst der

Meerkatzen am Affenteich: Natürliches Leben in Schönbrunn von heute.

Katharina Schratts Papagei »Lora«. Gemälde von R. Doblhoff im Rollettmuseum in Baden.

Saison gab es auch Kräftiges: Täglich um 6 Uhr morgens wurde Fleisch vom k. u. k. Hoflieferanten Dobisch aus Hietzing in die Villa geliefert. Den Lehrlingen, die die Ware zustellten und dabei auch gelegentlich den Kaiser sahen, wurde eingeschärft: »Man muss darüber schweigen, denn die Öffentlichkeit soll davon nichts erfahren.«
Während für Anna Nahowski das Verhältnis mit dem Kaiser nach 14 Jahren mit einer Auszahlung durch den Vermögensverwalter endete, begleitete ihn die Schratt 30 Jahre lang, bis an sein Lebensende. Sie soll ihn sogar heimlich geheiratet haben.
Als Franz Joseph gestorben war, wurde sie von Kaiser Karl am Arm zu seinem Totenbett geführt.
Beim Begräbnis war allerdings kein Platz mehr für sie vorgesehen. Auch im Testament des Kaisers wurde Katharina Schratt nicht bedacht – obwohl dies der Kaiser gewünscht hatte, wurde es von seinen Juristen verhindert. Später zeigte sich auch, dass viele Schmuckstücke, die der Kaiser der Schratt geschenkt hatte, nicht lupenrein waren, obwohl Franz Joseph den Preis für einwandfreie Ware bezahlt hatte. Der Juwelier hatte ihn hereingelegt.
Die letzten Jahre ihres Lebens zog sich die Schratt aus der Öffentlichkeit zurück, ging täglich in die Kirche und beschäftigte sich hauptsächlich mit dem Zusammensetzen von riesigen Puzzlespielen, die ihr von Verwandten besorgt wurden.

Unter kaiserlichen Bäumen spielen jetzt die Mandrill-Affen in Schönbrunn: Der Lainzer Tiergarten spendete abgestorbene Baumriesen aus dem Jagdrevier Franz Josephs.

Drei Glockenschläge für den Kaiser, damit alles beim Alten bleibt

Kaiser Franz Joseph lebte in einer streng geregelten Welt. Wenn er sich in den Tiergarten begab, wurde seine Ankunft mit drei Glockenschlägen angekündigt (bei Erzherzögen wurde zweimal geläutet). Ältere, dem Kaiser vertraute Wärter setzten dann die Arbeit fort, andere mussten unauffällig verschwinden: Franz Joseph sollte stets das Gefühl haben, es sei alles beim Alten geblieben.

Obersthofmeister Fürst Montenuovo, der des Kaisers Zeit einteilte, ließ diese Anordnung natürlich auch überwachen und wusste über jeden noch so kleinen Vorfall sofort Bescheid. Auch legte er Wert darauf, dass Franz Joseph nicht mit zu vielen Leuten ins Gespräch kam.

Einmal gab es deswegen sogar »allerhöchsten Anstand«. Es war am frühen Morgen, als der Kaiser, nach einer Besichtigung der Tiere, vom Aufseher hinauf zum Tirolerhaus begleitet wurde, das Erzherzog Johann oberhalb des Tiergartens errichtet hatte. Dort angelangt, bat der Kaiser um ein Glas Wasser, das der Aufseher sogleich holte. Als er damit wiederkam, fand er Seine Majestät mit einem älteren Mann über dessen fünf Kinder und deren Berufe plaudern. Fast eine Viertelstunde lang dauerte das Gespräch, das den Kaiser sichtlich erfreute und ihn zufrieden an seinen Schreibtisch zurückkehren ließ.

Für den Aufseher aber gab es einen Rapport: Kaum in den Tiergarten zurückgekehrt, musste er in Paradeuniform vor dem Obersthofmeister erscheinen und erklären, »wie es passieren konnte, dass der Kaiser mit dem alten Mann ins Gespräch gekommen ist«.

Die Erklärung akzeptierte Montenuovo nicht, und der Aufseher sah sich schon aus dem Dienst entlassen. Deprimiert kehrte er in den Tiergarten zurück, wo er Erzherzogin Marie Valerie, die Tochter Franz Josephs, mit ihrem Gatten, Erzherzog Franz Salvator, und ihren Kindern traf.

Der Erzherzog fragte den Aufseher um den Grund seiner Betrübnis und erfuhr so die Geschichte.

Bis zum Nachmittagskaffee war auch Franz Joseph informiert. Er versprach, die Angelegenheit zu regeln.

Und wirklich, der Vorfall blieb ohne Folgen.

Beim nächsten Mal aber, als der Aufseher den Kaiser wieder am gleichen Weg begleitete, schickte ihn Franz Joseph noch vor dem Tirolerhaus mit den Worten zurück: »Gehen wir weiter, damit wir keine Anstände haben.«

Das »Kaiserglöckerl«, mit dem das Eintreffen des Kaisers und der Erzherzöge im Tiergarten angekündigt wurde, ist bis heute erhalten geblieben. Es befindet sich gegenüber dem Kaiserpavillon, an der Ecksäule der Giraffenanlage.

Schönbrunn 1900

Die Regierungszeit von Kaiser Franz Joseph brachte dem Schönbrunner Tiergarten jene Glanzzeit, die seinen Weltruhm begründete: Alois Kraus, der Leiter des Menagerieinspektorats, wie die Direktion damals genannt wurde, betrieb die Ausgestaltung mit rastloser Tatkraft und nach den neuesten Erkenntnissen.
Kraus hatte bei der berühmten wissenschaftlichen Weltumseglung der Fregatte »Novara« (1857–1859) als einfacher Matrose gedient und war während der Seefahrt mit der Pflege der dabei erworbenen Tiere betraut worden.
Nach seinem Abschied von der Kriegsmarine wurde er Unteraufseher in der Menagerie Schönbrunn. Nach vier Jahren wurde er zum Unterinspektor ernannt, dann zum provisorischen Leiter und schließlich zum Menagerieinspektor.
Als solcher behielt er die bei seinen Seereisen erworbene weltoffene Gesinnung bei und lebte und arbeitete vor allem nach dem Leitspruch: »Das Wesen des Menschen erkennt man am besten in der Konfrontation mit Tieren. Auch in diesem Sinne haben zoologische Gärten ihre große Bedeutung – und zwar für beide Seiten der Gitter. Wer Tieren, wenn er sie schon nicht lieben kann, nicht wenigstens ehrlichen Respekt entgegenbringt, mit dem sollte man besser nichts zu tun haben.«

Das Schönbrunner Affenhaus um die Jahrhundertwende.

Unter seiner Direktion fielen die gelben Mauern, die die Abteilungen trennten; überall wurden gefällige Gitter statt Ziegelmauern errichtet.
Die mittelalterlichen Zwinger und Gitterkästen der fahrenden Menagerien, denen man früher viele Tiere abgekauft hatte, verschwanden aus Schönbrunn.
»Jede Art wird mit möglichster Berücksichtigung der Biologie individuell behandelt und ist ordentlich in ihrem natürlichen Milieu zu sehen«, steht in einer Beschreibung des »Schönbrunner Tiergartens« aus dem Jahre 1902, in der auch zu lesen ist:
»Der Aufschwung, den der Thiergarten genommen hat, entspricht der kaiserlichen Intention, die Sehenswürdigkeiten der ganzen Welt den Wienern bequem und instructiv zugänglich zu machen. Der Thiergarten des kaiserlichen Lustschlosses ist in den letzten Jahren eine der hervorragendsten Stätten der Volksbildung und Volksbelustigung in ganz Österreich geworden, an der Generationen sich ergötzt haben und Generationen Ergötzung finden werden.«

In diesem erfolgreichen Jahr, in dem der Tiergarten auch seinen 150. Geburtstag feierte, befanden sich hier:

	520	Säugetiere in 147 Arten
	3	Seesäugetiere einer Art
	1248	Vögel in 324 Arten
	71	Reptilien in 24 Arten
GESAMT	1842	Tiere in 496 Arten

Der Paradiesvogel

Im August des Jahres 1900 kam ein gefiederter Gast in den Tiergarten Schönbrunn, wie er farbenprächtiger und exotischer gar nicht hätte sein können. Schon mit seinem Namen symbolisierte man die Vorstellung, die man vom beginnenden Jahrhundert hatte: Zum ersten Mal war in Wien ein Paradiesvogel eingetroffen. Wie ein großer Herr war er telegrafisch avisiert worden und mit dem Eilzug in die Kaiserstadt gekommen.

»Unsagbar, unbeschreiblich ist die Farbenpracht, die vom Gefieder dieses wunderbaren Geschöpfes ausgeht«, jubelten die Wiener, und in einer Beschreibung steht zu lesen, »dass der Vogel, seiner stolzen Schönheit wohl bewusst, mit dem Anstand einer Primadonna über den glitzernden Kies geht und sich voll Gefallsucht in Positur stellt«.

Dass dieses goldstrotzende Federtier zur Familie der Raben gehört, wollten die Leute nicht recht glauben, konnten sie sich doch auch nicht vorstellen, dass dieses neue Jahrhundert weder paradiesisch noch goldstrotzend, sondern vor allem rabenschwarz sein würde.

Um dem kostbaren Gast aus Neu-Guinea das Leben in Schönbrunn so paradiesisch wie nur möglich zu machen, gab es für ihn einen Menüplan voll ausgewählter Delikatessen: fein geschnittenes Herz, harte Eier, gekochter Reis, fein geschnittene Datteln, ebensolche Feigen, süße gedünstete Äpfel, Heuschrecken, Käfer und dazu das köstliche Hochquellwasser.

Dazu Direktor Helmut Pechlaner: »Das ist ein ausgezeichneter Fütterungsplan, der bis heute richtungweisend ist. Man sieht, die Kollegen vor mehr als 100 Jahren hatten schon sehr genaue Kenntnisse über die richtige Fütterung gehabt.«

Im neuen Regenwaldhaus, das gerade gebaut wird, gibt es wieder einen Paradiesvogel.

Waldkauz und Pelikan fühlen sich wohl im Tiergarten Schönbrunn.

Kaiserliche Tierspender

Zur Zeit Kaiser Franz Josephs konnte das Publikum die Menagerie, die Sammlungen der Habsburger und auch das Schloss Schönbrunn (bei Abwesenheit des Kaisers) zum Nulltarif besichtigen; dennoch war Franz Joseph der eifrigste Besucher des Tiergartens. »Tiere schaun« in Schönbrunn und mit seinem Vater, Erzherzog Franz Karl, auf die Jagd gehen – beides begeisterte schon den Vierjährigen.
Später, noch nicht acht Jahre alt, »erlegt« er voll Stolz – bei seinen ersten »Jagderlebnissen« – im Schlosspark Spatzen, Tauben und Enten. Als Zwölfjähriger durfte er an der Seite seines Vaters im Lainzer Tiergarten seinen ersten Hirschen und als Fünfzehnjähriger bei Ischl seine erste Gams schießen.
Kein Wunder also, dass ihn im Tiergarten das Steinwild und die Gämsen am meisten interessierten und er Neuankömmlinge meist noch am Tag der Ankunft besichtigte.
»Im Weidwerk habe ich Frieden, Erholung, Stärke und Freude gefunden«, sagte er am Tag seines 50-jährigen Regierungsjubiläums zu gratulierenden Jägern. Bis an sein Lebensende konnte er, wie das Hofjagdbüro registrierte, bei »Allerhöchsten Hofjagden« die ungeheuerliche Zahl von 50.520 erlegten Tieren erreichen. Darunter waren 1436 Hirsche, 2051 Gämsen, 1442 Sauen, 7588 Hasen, 4597 Kaninchen, 18.031 Fasane, 8350 Rebhühner und 1404 Wildenten. Allerdings wird auch berichtet, dass der Kaiser niemals weidmännische Ethik verletzt und bei seiner Jagdausübung stets Mut und Geschicklichkeit bewiesen hat.
Noch 1910, mit 80 Jahren, erlegte er sechs Zwölfender.
Die Liste der von Franz Joseph für den Tiergarten gespendeten Tiere ist dagegen ausgesprochen kurz. Die meisten Tiere spendete Kronprinz Rudolf. Neben verschiedenen Bären, Dachsen, Fischottern und einem ägyptischen Schakal waren es vor allem Vögel, diverse Geier, Adler, Falken, Eulen, Reiher und Flamingos, die der Kaisersohn in den Tiergarten einbrachte.
Rudolf hatte schon als Kind mit der Vogelbeobachtung begonnen und als Zwölfjähriger erste Aufsätze darüber geschrieben.
Der Zoologe Alfred Brehm, mit dem er jahrelang Korrespondenz führte, druckte 1878 drei Artikel des Kronprinzen in der zweiten Auflage seines »Illustrierten Thierlebens« ab, dem bis heute berühmten »Brehms Tierleben«. 1879 entdeckten Brehm und Rudolf bei einer gemeinsamen Forschungsreise in Spanien sogar eine neue Spezies der Lerche, die sie nach ihrem Forschungsschiff »Galerida miramare« benannten.
Die Freundschaft zwischen Kronprinz Rudolf und dem Wissenschaftler Alfred Brehm wurde bei Hofe misstrauisch beobachtet, war doch der Naturwissenschaftler nicht nur Protestant und Darwinist, sondern auch noch deklarierter Freimaurer. Darüber hinaus wurde er für die antikleri-

Kaiser Franz Joseph als Jäger: In 78 Jahren erlegte er 50.520 Tiere.

Kormoran im
Tiergarten Schönbrunn.

kale und freisinnige Einstellung des Kronprinzen verantwortlich gemacht.
Alfred Brehm, Direktor des Hamburger Zoologischen Gartens und Begründer des Berliner Aquariums, war deshalb auch chancenlos, als 1879 der Posten des Menageriedirektors von Schönbrunn neu besetzt wurde.
Das Spenden von Tieren war zumeist eine Angelegenheit höchster Herrschaften, wie man aus Listen ersehen kann, die darüber in Schönbrunn angelegt wurden:
Der Zar von Russland sandte Wisente und einen Auerochsen, der Kaiser von Abessinien einen Löwen, der König von England ein Riesenkänguru und die Prinzessin von Wales einen kleinen Löwen, der von einer mitgesandten Ziege gesäugt wurde. Der König von Siam stellte sich mit einem indischen Elefanten, Panter, verschiedenen Affen, Pfauen, Stachelschweinen und anderen Tieren ein.
Mehemed Ali, der Vizekönig von Ägypten, der schon die erste Giraffe nach Wien gesandt hatte, war überhaupt ein fleißiger Spender für Schönbrunn: Löwen, Hyänen, Gazellen, Flamingos, Dromedare, Büffel und Strauße sandte er nach Wien.
Vom Sultan von Solo kamen Hirsche, Panter, Büffel und ein Krokodil.
Fürsten, Herzöge, Prinzen, Erzherzöge, Grafen, Freiherren und Barone stellten sich mit Tierspenden ebenso ein wie Admirale und Linienschiffskapitäne.
Auch die hohe Geistlichkeit wollte nicht zurückstehen: Abt Sigismund zu den Schotten spendete eine Gazelle, das Stift Klosterneuburg zwei Rehe, das Stift Heiligenkreuz einen Wolf.
Giraffen, Löwen, Antilopen und andere Tiere aus Afrika erhielt Schönbrunn von Slatin Pascha, dem aus Wien-Ober St.Veit stammenden General der britischen Kolonialarmee, der seine kriegerischen Erlebnisse 1896 in dem damals sehr erfolgreichen Buch »Feuer und Schwert im Sudan« niederschrieb.
Etwas seltsam nimmt sich auf dieser Liste die Strafanstalt Karlau aus, die einen Seeadler für Schönbrunn spenden durfte.
Vom Kommando der k. k. Schwimmschule im Prater wurde ein Fischreiher angenommen.
Von der Pferdezucht in Lipizza kam ein Wachhund nach Schönbrunn.
Im Jahre 1902 schenkte der König von Italien dem Kaiser von Österreich aus seinem Reservat Gran Paradiso vier Alpensteinböcke: Tiere, die in freier Wildbahn bereits ausgerottet waren, weil man glaubte, aus ihrem Blut und diversen Körperteilen geheimnisvolle Wundermittel herstellen zu können. Die Fürsterzbischöfe von Salzburg betrieben sogar eigene »Steinbock-Apotheken«.
Nur im herrlichen Gebirgsmassiv Gran Paradiso, das seit 1854 Privatbesitz des Königs Viktor Emanuel II. war, hatten 56 Tiere überlebt. Der König ernannte das Steinwild zum königlichen Tier und stellte zur Bewachung ständig eine Kompanie Soldaten ab. Die 1902 nach Wien gelangten Tiere waren die ersten, die Gran Paradiso verlassen durften. Leider waren die Erfahrungen in der Zoohaltung von Steinböcken damals noch sehr gering; eines der Tiere litt außerdem an Lungenentzündung. Bereits nach zwei Jahren waren alle Tiere verstorben.
Die Steinböcke blieben also weiter ein italienisches Monopol.
Königstiger, Panter, Wölfe, Bären, aber auch Kakadus, Pelikane oder Flamingos standen auf der Spendenliste von Erzherzog Franz Ferdinand, der nach Kronprinz Rudolfs Tod nicht nur zum Thronfolger aufrückte, sondern auch in der Liste der aristokratischen Spender den zweiten Platz belegt.

Sein Schicksal erfüllte sich am 28. Juni 1914, als er in der bosnischen Hauptstadt Sarajevo mit seiner Gattin einem Attentat bosnischer Serben zum Opfer fiel. Sein Tod wurde als Vorwand genommen, um einen begrenzten Krieg gegen Serbien zu provozieren, der in der Folge innerhalb einer Woche zum Ersten Weltkrieg eskalierte.

Wie Kaiser Franz Joseph war auch Erzherzog Franz Ferdinand ein leidenschaftlicher Jäger und hervorragender Schütze; viele Tiere, die er der Menagerie zukommen ließ, brachte er von seinen Jagden mit, so einmal zwei Steinböcke von der Insel Kreta.

Eines Tages sah Menageriedirektor Alois Kraus, wie einer der beiden Böcke versuchte, über das Gitter zu steigen.

Um eine Flucht zu verhindern, ließ Kraus nun ein Gitterdach montieren, das sich aber für das Tier als tödliche Falle erwies. Der Steinbock hatte sich bei weiteren Klettertouren mit dem Gehörn in den oberen Maschen verfangen und dabei den Tod gefunden.

Nun herrschte große Bestürzung in der Menagerie, denn wie sollte man diese Nachricht dem Thronfolger mitteilen! Meldung musste gemacht werden, das war klar! Kraus entschloss sich, nicht persönlich zu erscheinen, sondern den diensthabenden Adjutanten des Erzherzogs anzurufen. Immerhin hatte das Telefon bereits in Schönbrunn Einzug gehalten und vielleicht würde der Adjutant die Meldung weiterleiten. Doch der hörte sich die unangenehme Neuigkeit nur an und entschied sofort, dass diese Information der Herr Menageriedirektor persönlich vortragen dürfe: »Einen Augenblick, ich verbinde Sie mit Seiner Kaiserlichen Hoheit.«

Kurzes Knacken und Knistern in der Leitung und schon meldete sich der Erzherzog.

Kraus, der darauf nicht vorbereitet war, fiel nichts anderes ein, als zu sagen: »Kaiserliche Hoheit, der Kretenser Steinbock hat sich erhängt.«

Worauf Franz Ferdinand trocken antwortete: »So geben Sie Acht, dass sich der andere nicht erschießt.«

Alpensteinbock: Der König von Italien schenkte dem Kaiser von Österreich die ersten Alpensteinböcke, nachdem sie in freier Wildbahn ausgestorben waren.

Tuxer Rind

Oberinntaler Grauvieh

Oberinntaler Grauvieh

Glückliche Kühe am Tirolerhof des Schönbrunner Tiergartens.

Sisis Kühe, eine Wanderung auf den Anninger und die Tierärzte von Schönbrunn

Kaiserin Elisabeth-Statue im Wiener Westbahnhof, mit Beschädigungen durch die Zerstörung des Bahnhofs im Zweiten Weltkrieg.

Auch Kaiserin Elisabeth, die durch die Darstellung von Romy Schneider weltweiten Filmruhm erlangte, vermachte dem Schönbrunner Tiergarten etliche Tiere, darunter einen Graustirnpapagei, mexikanische Eichhörnchen, einen Seeadler und eine schwarzbraune Karettschildkröte aus Korfu.

Im Fasangarten, hinter dem Tirolerhaus des Schönbrunner Tiergartens, hatte die Kaiserin im Jahre 1895 ein »Bio-Zentrum« für ihren persönlichen Bedarf einrichten lassen: Aus einem alten Jagdhaus wurde eine kaiserliche Molkerei mit angeschlossenem Hühnerhof. Täglich erhielt nun der Kaiserhof, je nach Bedarf, frische Vollmilch, Butter, Schlagobers, Kaffeeobers und Frühstückseier, die sogar mit einem eigenen kaiserlichen Herkunftsstempel bezeichnet wurden.

Aber nicht nur die kaiserliche Familie kam in den Genuss der Milch, auch Kaiser Franz Josephs Freundin, Katharina Schratt, und Elisabeths bevorzugte Hofdame, Ida von Ferenczy, erhielten ihren Anteil.

Und die nach der Buttererzeugung anfallende Magermilch wurde an die Affen in der nahen Menagerie abgegeben.

Häufig kam die Kaiserin auch selbst in ihre Kammermeierei. Dann trank sie am liebsten »Zipflmilch«; die jeweils erstgemolkene, noch nicht abgestandene Milch.

Neben den Kühen, die sie europaweit sammelte, um herauszufinden, mit welcher Milch sie ihre schlanke Figur am besten erhalten konnte, war hier auch eine besondere Kuh untergebracht. Deren Milch hatte die Kaiserin am 7. Juli 1896 bei einer Wienerwaldwan-

Kaiserin Elisabeths Kammermeierei, die Milchstube mit prächtigen Wandgemälden (Bilder oben) und Sisis Milchbecher vom Anninger (Bild rechts oben).

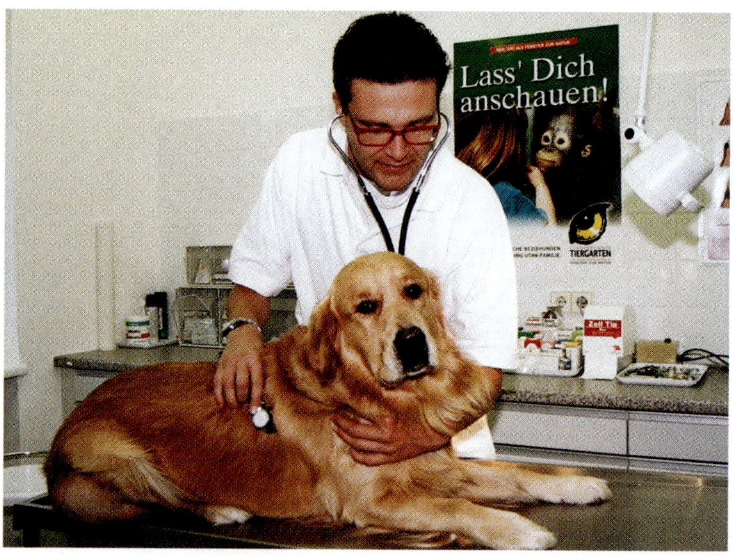

»Tierärztliche Ordination Tiergarten Schönbrunn« im Seitentrakt der Kammermeierei.

derung von Mödling nach Baden im Schutzhaus auf dem Anninger getrunken. Da ihr die Milch ganz vorzüglich geschmeckt hatte, ließ sie sich die Kuh von den Gastwirten zeigen. Diese hatten keine Ahnung davon, wer ihr Gast gewesen war.
Sofort nach ihrer Rückkehr nach Schönbrunn beauftragte die Kaiserin den k. u. k. Menagerieinspektor Alois Kraus, dem auch die Kammermeierei unterstand, das Tier für sie zu erwerben.
Kraus ließ schon am nächsten Tag die Kuh im Stall am Anninger gründlich untersuchen und vereinbarte mit ihrem Eigentümer, dem Gastwirt Karl Schöny, einen Kaufpreis von 150 Gulden (über 15.000 Schilling), den dieser nach Anlieferung des Tieres in der Kanzlei der Menagerie zu Schönbrunn bar ausbezahlt bekam.
Kraus' Brief über diese Vereinbarung und das Glas, aus dem die Kaiserin getrunken hat, sind im zauberhaften Heimatmuseum von Gaaden, am Fuße des Anningers, bis heute erhalten geblieben.
Auch die Gebäude der ehemaligen Kammermeierei in Schönbrunn und die umliegenden Weiden für die Kühe bestehen noch. Sogar die Milchstube mit den prächtigen Wandgemälden, in der die Kaiserin ihre Milch zu trinken pflegte, ist erhalten geblieben. Allerdings, Kühe gibt es hier

keine mehr: Im ehemaligen Stall ist heute ein Lehrsaal der »Höheren Bundeslehr- und Versuchsanstalt für Gartenbau« untergebracht. Eigentlich schade, denn die Örtlichkeiten würden sich für ein schönes Restaurant bestens eignen, liegt doch gleich neben dem Eingang ein großer Parkplatz.

In den seitlichen Ställen der ehemaligen Kammermeierei ist die Beziehung zur Menagerie, dem heutigen Tiergarten, erhalten geblieben. Seit Juni 1999 residiert hier die von Tiergarten-Tierärzten betriebene »Ärztliche Ordination Tiergarten Schönbrunn«, die auch für Private offen steht. Dazu wurde vom Tiergarten eine eigene Gesellschaft gegründet.

Helmut Pechlaner: »Der Vorteil dieser Gesellschaft liegt bei allen Beteiligten. Dem Tiergarten wird nicht nur eine immerwährende Versorgung rund um die Uhr garantiert, durch die völlige Auslastung durch Private wird es auch rentabel, teure, moderne Ordinationseinrichtungen wie Röntgen, Labor, Zahnstation und Ähnliches anzuschaffen. Für einen Außenstehenden ist es oft unvorstellbar, wie wenig tierärztliche Eingriffe in einem gut geführten zoologischen Garten notwendig sind, und so ist die Routine durch eine florierende Praxis für alle sinnvoll.«

Noriker-Pferde ziehen die Tiergartenkutsche.

Noriker-Pferde

Erfolgreiche Pferdezuchten im Tiergarten:

Shetland-Pony

Noriker

Die nötige Bewegung und Beschäftigung erhalten die Schönbrunner Pferde durch Kutschenfahrten, beim Besucherreiten und beim Transport von Grünfutter und Heu. Auch an Turnieren nehmen sie immer wieder erfolgreich teil.

Haflinger

Neuigkeits Welt-Blatt

Herausgeber: August Kirsch.

Einzelne Nummer in Wien 8 Heller. | **Illustrierte Ausgabe, erscheint täglich.** | Einzelne Nummer in Wien 8 Heller.

Abonnementspreis: für Wien samt Zustellung ins Haus monatlich 2 K, vierteljährlich 6 K, halbjährlich 12 K, 1 Jahr 24 K; in die Provinz mit Postversendung: monatlich 2 K 60 h, vierteljährlich 7 K 80 h, halbjährlich 15 K 20 h, 1 Jahr 30 K.

Inserate nach Tarif. Manuskripte werden nicht retourniert. Anfrageschreiben nur franko. — **Kleine Anzeigen:** Titelzeile 20 h. Jedes Wort oder Ziffer 2 h. Mindestgebühr 40 h für eine Einschaltung.

Nr. 160. Redaktion / Administration } VII., Kaiserstraße 10 {Tel. 8964. / Tel. 1967. **Wien, Dienstag, den 17. Juli 1906.** Stadt-Bureau: I., Schulerstraße 13. Telephon 1225. **33. Jahrg.**

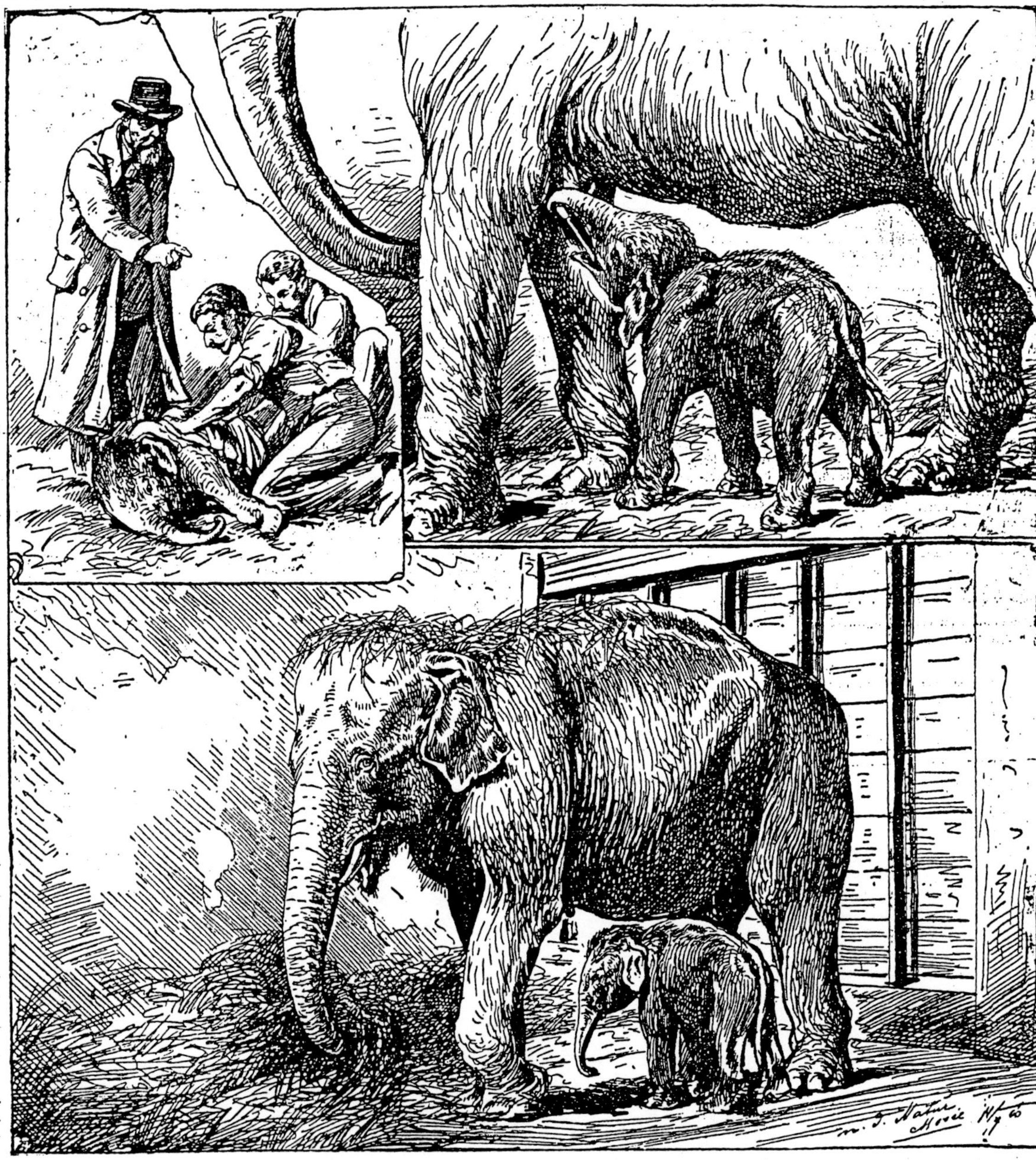

Fern von der Heimat geboren.

Ein freudiges Ereignis in der Schönbrunner Elephantenfamilie.

In großer Aufmachung berichteten die Zeitungen über die erste Elefantengeburt in einem Zoo.

Zoologische Sensation in Wien: Erste Elefantengeburt in einem Zoo!

»Wie geht es der kleinen Aba?«
»Wann kann man sie sehen?«
»Wann darf sie zum ersten Mal ins Freie?«
Im Inspektorat des Tiergartens beantwortete man geduldig alle Fragen.
Hunderte Briefe, zumeist in unbeholfener Kinderschrift verfasst, aber auch solche von Erwachsenen, kamen täglich nach Schönbrunn. Alle wollten wissen, »wie das Kleine gedeiht«.
Auch Geschenke gab es in großer Zahl; Puppen, Pferdchen, ein Leiterwagen, sogar ein großes »Bartl«, wie man in Wien die Mundlätzchen für kleine Kinder nennt, wurden vom Postboten abgeliefert. Es war rot eingefasst und mit einer rot gestickten Inschrift »Dem lieben Elefantenkind« versehen.
Wien stand Kopf vor Freude, denn erstmals war in einem Tiergarten ein Elefant zur Welt gekommen – und ganz ohne Komplikationen.
Bisher waren Zoologen der Ansicht gewesen, dass sich die grauen Riesen in Gefangenschaft nicht fortpflanzten. Doch Pepi und Mizzi, das indische Elefantenpärchen von Schönbrunn, lieferten die Weltsensation.
Das war am 14. Juli 1906.
Als das freudige Ereignis eintrat, weilte Franz Joseph gerade in Bad Ischl.
Damit ihn die Nachricht sofort und ohne »Amtsweg« erreichte, wurde seinem Leibarzt Kerzl ein Telegramm geschickt, damit der dann bei der täglichen Visite dem Kaiser die Neuigkeit sofort berichten konnte.
Das Elefantenkind gedieh vom ersten Tag an prächtig. In der »Kronen Zeitung« konnte man darüber lesen: »Das Kleine trinkt sehr fleißig, und während des Trinkens streichelt das Muttertier mit seinem Rüssel den sehr empfindlichen Rüssel des Jungen an seiner Unterseite. Am vierzehnten Tag nach der Geburt der Kleinen hat sich die Mama zum ersten Mal auf ein paar Stunden niedergelegt. Sonst steht sie unentwegt als treue Wärterin und bewacht auch den Schlaf des kleinen Tierchens. Sie deckt es mit Heu zu, schnuppert dann mit dem Rüssel am Körperchen herum, findet es offenbar zu heiß und räumt das Heu wieder weg. Keine fünf Minuten vergehen, ohne

Ganz Wien und die Schönbrunner Elefanten standen Kopf vor Freude über das Elefantenbaby.

Sabi ist von allen Schönbrunner Elefanten den Umgang mit Menschen am besten gewohnt. Sie darf deshalb auch in Begleitung ihrer Pfleger im Zoo umherspazieren und an Veranstaltungen teilnehmen. So hat sie z. B. den Super-Souvenirshop »Wild Republic« eröffnet und Günther Nennings neues Buch präsentiert.

10. Juli 1906. Illustrierte Kronen-Zeitung. Nr. 2351. Seite 9.

Das Elefantenbaby in Schönbrunn.

Die Schönbrunner Menagerie hat, wie wir bereits be- | phanten in der Nähe der Vorderfüße befindet, zum Munde

dass sie das Junge am ganzen Körper mit dem Rüssel abgegriffen hat.«

Doch es dauerte noch mehrere Wochen, bis die Elefantenmutter bereit war, ihr Junges auch den Besuchermassen zu zeigen.

Bis es soweit war, unterhielt Pepi, der Elefantenvater, die Tiergartengäste mit lustigen Kunststücken. Als das Elefantenkind geboren wurde, sollte es den indischen Namen »Aba«, das heißt »die Schöne«, erhalten.

Doch bevor das Baby noch zum ersten Mal ins Freie spazierte, wurde es schon »Adele« genannt. Als dann aber die Wiener das süße Rüsseltier zu Gesicht bekamen, wurde sofort »Mädi« daraus, und diesen Namen behielt es auch.

»Mädi« war der einzige Schönbrunner Elefant, der später die Not des Ersten Weltkrieges überlebte. Sowohl ihre Mutter Mizzi als auch ihr Vater Pepi starben; beide sind verhungert. »Mädi« wurde 38 Jahre alt und starb während des Zweiten Weltkrieges 1944 an einer Darm- und Bauchfellentzündung.

Zum Tiergarten-Jubiläum wird wieder ein Elefantenbaby erwartet

Am 23. September 1999 herrschte großer Jubel im Tiergarten Schönbrunn, denn mit einer speziellen Ultraschalltechnik konnte nachgewiesen werden, daß die 14 Jahre alte Elefantenkuh Sabi trächtig ist. Wenn alles gut geht, dann gibt es im Tiergarten Schönbrunn noch vor der 250-Jahr-Feier ein Elefantenbaby. Sabis Schwangerschaft ist ein großartiger Erfolg im Schönbrunner Elefanten-Forschungsprojekt, das in Zusammenarbeit mit internationalen Experten durchgeführt wird. Da Sabi im idealen Fortpflanzungsalter, der Schönbrunner Elefantenbulle Pambo aber noch zu jung ist, wurde eine künstliche Besamung vorgenommen. Bis zur Geburt wird es allerdings noch etwa zwei Jahre dauern. Mit dem Elefantenbaby ist also im Jahre 2001 zu rechnen. Dieses wissenschaftliche Projekt erfolgt unter der Leitung von dem Berliner Expertenteam Dr. T. Hildebrand, Dr. F. Göritz, Dr. R. Hermes, Dr. G. Fritsch vom Institut für Zoo- und Wildtierforschung, in enger Zusammenarbeit mit der Veterinärmedizinischen Universität Wien (a. o. Prof. Dr. F. Schwarzenberger, Institut für Biochemie) und dem wissenschaftlichen Kurator des Schönbrunner Tiergartens, Dr. Harald Schwammer, mit seinem Elefantenpflegerteam. In Schönbrunn ist man glücklich über diesen Erfolg, da er zukunftsweisend für das Management und die Elefantenzucht in Menschenhand ist.

Sabi, die werdende Mutter: Nach dem Schlammbad ins Duschbad.

Seit bekannt ist, dass Sabi Mutter wird, kommen zur täglichen Körperpflege auch noch regelmäßige ärztliche Untersuchungen.

Zeigt her eure Füße, dann eine lauwarme Dusche: Die Schönbrunner Elefantendamen beim Morgentraining: Damit die Tiere fit und gesund bleiben, gibt es täglich Körperpflege, Fußpflege und Hautpflege. Gleichzeitig gibt es Gehorsamsübungen, damit sich die Tiere im Fall der Fälle auch veterinärmedizinische Betreuung und Behandlungen gefallen lassen.

Der Tiergarten Schönbrunn ist europaweit führend in der Methodik des Trainings und der Haltung von Elefanten. Immer wieder treffen sich Elefantenspezialisten zu Workshops in Schönbrunn.

Sibirische Tiger in Schönbrunn. Zu Wasser und zu Lande ein wunderbarer Anblick für jeden Tierfreund. In ihrer sibirischen Heimat sind diese edlen Großkatzen nahezu ausgestorben. Nur mehr 500 leben in freier Wildbahn. In Zoos gibt es weltweit mittlerweile etwa 2500. Der Tiergarten Schönbrunn beteiligt sich mit seiner Tigerzucht am EEP, dem europäischen Erhaltungszuchtprogramm, mit dem Endziel, diese edlen Tiere wieder in freier Natur anzusiedeln.

Eisbärdame Coca mit der roten Röhre: »Immer den Durchblick behalten!«

Flusspferd-Vater Ali mit Tochter Pauline:
»Papa, warum hast du so ein großes Maul?«

Bomben auf Schönbrunn: Im Februar 1945 zerstörten amerikanische Fliegerbomben nahezu den ganzen Tiergarten. Der achteckige Pavillon aber blieb verschont.

Kriege, Bomben, Trümmer...

Am 28. Juli 1914, auf den Tag genau einen Monat nach dem Tod des Thronfolgers in Sarajevo, unterschrieb Kaiser Franz Joseph in seiner Villa in Bad Ischl die Kriegserklärung an das Königreich Serbien und das berühmte Kriegsmanifest, das von den Zeitungen in Extraausgaben veröffentlicht wurde:

»An meine Völker!
Es war mein sehnlichster Wunsch, die Jahre, die Mir durch Gottes Gnade noch beschieden sind, Werken des Friedens zu weihen und Meine Völker vor den schweren Opfern und Lasten des Krieges zu bewahren.
Im Rate der Vorsehung ward es anders beschlossen.
Die Umtriebe eines hasserfüllten Gegners zwangen Mich, zur Wahrung der Ehre Meiner Monarchie, zum Schutze ihres Ansehens und ihrer Machtstellung, zur Sicherung ihres Besitzstandes, nach langen Jahren des Friedens zum Schwerte zu greifen.«

Der diensthabende Beamte im k.u.k. Pressedienst, Josef Fuchs (nach einer anderen Version: Legationsrat Dr. Alexander Hoyos), hatte dem Kaiser den Text aufgesetzt, in dem über eine ganze Zeitungsseite dem Königreich Serbien die alleinige Kriegsschuld bescheinigt wird. Der Artikel endet mit folgenden Sätzen:

»Ich habe alles geprüft und erwogen.
Mit ruhigem Gewissen betrete Ich den Weg, den die Pflicht Mir weist. Ich vertraue auf Meine Völke, die sich in allen Stürmen stets in Einigkeit und Treue um Meinen Thron geschart haben und für die Ehre, Größe und Macht des Vaterlandes zu schwersten Opfern immer bereit waren.
Ich vertraue auf Österreich-Ungarns tapfere und von hingebungsvoller Begeisterung erfüllte Wehrmacht.
Und Ich vertraue auf den Allmächtigen, dass Er Meinen Waffen den Sieg verleihen werde.
Franz Joseph m. p.«

Der fast 84-jährige Kaiser konnte sich nicht nur auf die »hingebungsvolle Begeisterung« seiner Soldaten verlassen; nahezu das ganze Land war in Hysterie verfallen. Überall wurde die Kriegserklärung an Serbien jubelnd begrüßt.
Der Weltkrieg und das Ende der sechs Jahrhunderte alten Monarchie waren nicht mehr aufzuhalten.

Der Beginn des Ersten Weltkrieges beendete den Aufschwung des Schönbrunner Tiergartens,

Die Not des Ersten Weltkrieges

Der Beginn des Krieges beendete auch den Aufschwung, den der Tiergarten in den letzten Jahren genommen hatte; harte Zeiten brachen an. Gleich nach der Mobilmachung wurden 21 Tierwärter, fast die

ganze Belegschaft, zum Kriegsdienst eingezogen und mussten durch Hilfskräfte ersetzt werden.
Schon ein halbes Jahr nach Kriegsbeginn war die Begeisterung der Bevölkerung verflogen; von einem schnellen Krieg war nicht mehr die Rede, immer mehr Verwundete kamen von der Front, die Preise für Nahrungsmittel stiegen rasant, die Vorräte wurden knapp.
Kein Wunder, dass auch der Tiergarten Schönbrunn mit Nahrungsmangel zu kämpfen hatte und es immer schwieriger wurde, Futter für die Tiere aufzutreiben.
Je länger der Krieg dauerte, desto schlimmer wurde die Situation. Die Raubtiere waren oft bis zu vier Tage ohne Fleisch und brüllten vor Hunger, bis sie selbst dazu zu schwach waren.
Manchmal konnten ausgediente Militärpferde erworben werden, die geschlachtet und an die hungernden Tiere verfüttert wurden. In der Not besorgte die Tiergartenleitung sogar Fleisch vom Wasenmeister (Schinder, Abdecker) einer thermochemischen Fabrik, was den Tieren aber nicht gut bekam: Ein schöner Berberlöwe starb 24 Stunden, nachdem er einen übel riechenden Kadaver gefressen hatte. Schließlich entschloss man sich dazu, weniger wertvolle Menagerietiere zu schlachten und damit die anderen Tiere zu füttern.
Am 19. Mai 1918 schoss ein Soldat mit seiner Pistole auf den Eisbären, »weil das Tier täglich zehn Kilogramm Fleisch bekommt, während ich hungern muss!« Das sagte der Verwirrte, der bei seiner Verhaftung so tobte, dass die Rettung geholt werden musste.
Der hungrige Soldat tat dem Eisbären aber unrecht, denn der hatte schon lange kein Fleisch mehr gesehen, er wurde in diesen bitteren Zeiten mit den abgeschlagenen Köpfen von Seefischen gefüttert.

1997 wurde die 70 Jahre alte Schönbrunner Raubvogelvolière modernisiert und für die Besucher begehbar gemacht.

Nach dem Ersten Weltkrieg

Menagerieinspektor Alois Kraus, der die kaiserliche Menagerie zur höchsten Entfaltung führte, musste auch die schwerste Zeit des Tiergartens miterleben: Vor Beginn des Krieges – am Stichtag 30. Juni 1914 – betrug der Tierbestand 2303 Tiere, gegen Ende, am 30. Juni 1918, waren mehr als die Hälfte verschwunden. In Schönbrunn gab es nur mehr 1128 Tiere; die Zahl der Raubtiere war von 105 auf 30, die der Raubvögel von 80 auf 17 zurückgegangen.
Der Niedergang des Tiergartens setzte sich auch nach dem Ende des Ersten Weltkrieges fort; im Dezember 1918 lebten im Affenhaus nur mehr ein Rhesusaffe und ein Makake. Im Herbst 1921 gab es in Schönbrunn überhaupt keine Affen mehr.
Alle Raubkatzen waren verschwunden, sie waren an Infektionen durch verdorbenes Fleisch gestorben. Auch Giraffen und Antilopen suchte man vergeblich.
Viele Tierhäuser standen leer, ganze Abteilungen waren gesperrt. Das Ende der Menagerie schien unabwendbar.
Es gab sogar Pläne, den Tiergarten aufzulassen, die letzten Tiere zu verkaufen und in der Anlage eine Geflügelzuchtanstalt einzurichten.
Doch jetzt, in höchster Gefahr, zeigte sich erstmals, dass der Tiergarten Schönbrunn tief in den Herzen der Wiener verankert war. Sie wollten nicht tatenlos einem Ausverkauf zuschauen, sie waren bereit, für den Bestand der Menagerie Opfer zu bringen.
Trotz Not, trotz Inflation und Arbeitslosigkeit fanden sich treue Tiergartenfreunde, die Spenden schickten, damit dem Tiergarten wieder auf die Beine geholfen werden konnte. Sogar aus Übersee traf Geld ein.
Bald kamen auch neue Tiere – vermittelt von Österreichern im Ausland.

So wurde das Jahr 1921 zum Wendepunkt in der Geschichte des Tiergartens Schönbrunn: Der Tiergarten wurde – statt in eine Geflügelzucht umgewandelt zu werden – als staatliches Institut weitergeführt.
Und an der neu geschaffenen Kasse der einstmals kaiserlichen Menagerie hielt die junge österreichische Republik die Hand auf: 1921 wurde erstmals Eintrittsgeld kassiert, das aber sofort im Staatssäckel verschwand.
Ein Zustand, der sich erst 70 Jahre später, mit der Gründung der Tiergarten Schönbrunn GmbH, ändern sollte. Heute kann der Tiergarten seine Eintrittsgelder selbst verwalten.

Übrigens stammt auch die Verordnung, dass Kinder den Park nur in Begleitung von Erwachsenen betreten dürfen, aus dem Jahr 1921.
Da der Staat kein Geld hatte, wurden große Pläne geschmiedet, welches zu beschaffen. Man glaubte, mit Wünschelruten vergrabene Goldschätze im Schlosspark zu finden. Eintrittsgeld für Parkbesucher sollte eingeführt werden.

Waldrappe (Foto oben und links), Säbelschnäbler (Foto unten), Kampfläufer, Keas und Triele führen nun ein glückliches Familienleben in der umgestalteten Voliere aus der Zwischenkriegszeit.

Um mehr Besucher zu gewinnen, wollte man das Rauchverbot (von 1806) aufheben und dafür eigene Nichtraucher-Parkbänke einrichten. Geldeinnahmen versprach man sich auch von Gondelfahrten in Wassergräben, die man im Schlosspark anlegen wollte. Zum Glück wurden alle diese Projekte nie realisiert.
Der Tiergarten aber konnte erweitert werden; im »Kleinen Fasangarten«, rechts vom Neptunbrunnen, wo Kronprinz Rudolf Jagdhunde und Kaiserin Elisabeth Doggen untergebracht hatten, wurden zusätzliche Gehege eingerichtet.
1924 wurde Universitätsprofessor Otto Antonius Direktor des Tiergartens. Damit war die Leitung erstmals einem Wissenschaftler von hohen Graden anvertraut worden.
Helmut Pechlaner sagt über ihn: »Als sein vierter Nachfolger und als Direktor des Schönbrunner Tiergartens kann ich seine Leistungen nur bewundern. Er übernahm die ehemalige kaiserliche Menagerie zu einem Zeitpunkt und in einem Zustand, da allgemein keine Hoffnung für den Weiterbestand gegeben war. Seine Konzepte für den Schönbrunner Tiergarten haben zu dessen Rettung, Fortbestand und Modernisierung beigetragen, eine Fülle von Neubauten und Verbesserungen stammen aus dieser Zeiten.«
Die große Raubvogelvoliere, eine der größten und schönsten ihrer Art, entstand 1926/27. Siebzig Jahre später, in den Jahren 1997 und 1998, wurde sie erweitert, generalsaniert und in eine wunderbare Waldrapp- und Kea-Anlage umgebaut, mit der sich der Tiergarten Schönbrunn am Waldrapp-Projekt des Konrad-Lorenz-Instituts Grünau im Almtal beteiligt.
Im September 1926 fand auch die Jahreskonferenz der Vereinigung der Direktoren Mitteleuropäischer Zoologischer Gärten zum ersten Mal in Schönbrunn statt. Dabei wurde der alte Name »Menagerie Schönbrunn« durch die Bezeichnung »Schönbrunner Tiergarten« ersetzt.
Schon 1924 erklärte man den Schlosspark von Schönbrunn zum Schutzgebiet und belegte ihn mit Bauverbot. Das hinderte die neuen Machthaber, die 1938 Österreich besetzt hatten, aber nicht daran, im Fasangarten ein monströses Quartier für die Waffen-SS zu bauen, die heutige Maria-Theresien-Kaserne.
Im Tiergarten wurde zu dieser Zeit auch groß geplant; zahlreiche Erweiterungen und Modernisierungen sollten durchgeführt werden.
Der Ausbruch des Krieges verhinderte aber die Durchführung der ehrgeizigen Erweiterungspläne für Schönbrunn.
Die Bautätigkeit im Tiergarten kam zum Stillstand; der Tierbestand sank. Nur die SS-Kaserne im Fasangarten wurde Realität.

Nach dem Bombenangriff lebten von 3500 Tieren nur mehr 1500. Foto: Das tote Nashorn.

Bomben auf Schönbrunn

In den frühen Morgenstunden des 19. Februar 1945 heulten die Luftschutzsirenen über Wien, und aus dem Radio rief der Kuckuck, das akustische Warnsignal vor feindlichen Flugzeugen.

Im Tiergarten Schönbrunn war man in Deckung gegangen; im Keller der Direktion saßen Dr. Antonius und seine 30 Angestellten und zitterten um ihre Tiere, die sie natürlich in den Käfigen lassen mussten.

Nach der Entwarnung sahen sie Schreckliches. Die Piloten der US-Bomber hatten sich diesmal die unschuldigsten Opfer ausgesucht, Tiere in der Obhut der Menschen. Auf den Tiergarten Schönbrunn war ein Bombenregen niedergegangen.

Das Elefantenhaus, die Unterkunft des Nashornpärchens, das Raubvogel-, Singvogel- und Sumpfvogelhaus wurden vollständig zerstört.

Doch mit diesem Angriff sollte es noch nicht genug sein. Zwei Tage später, am 21. Februar 1945, kamen die Flugzeuge wieder und warfen neuerlich Bomben auf den Tiergarten. Die Bilanz der Bombardements, sieben Wochen vor Kriegsende: 300 Bomben hatten den Tiergarten getroffen, 200 davon waren in Tiergehegen explodiert. Fast alle Tierhäuser wurden vernichtet oder zumindest schwerst beschädigt. Nur Maria Theresias achteckiger Frühstückspavillon, in dem Papageien untergebracht waren, blieb von Treffern verschont.

Von 3500 Tieren lebten nur mehr 1500. Der Rest lag tot unter den Trümmern, war entflogen oder davongelaufen.

Karl Schopper, damals Tierpfleger in Schönbrunn, erinnerte sich:

»Der ganze Tiergarten war ein einziges Chaos. Das Nashornpärchen – tot. Ein weiblicher Elefant war so schwer verletzt, dass er erschossen werden musste. Von den ursprünglich 800 verschiedenen Vögeln blieben nur die Papageien im Pavillon übrig, aus der in Europa führenden Vogelsammlung wurde innerhalb weniger Minuten ein Nichts. Flamingos, Kraniche, Störche, Fasane, Möwen – alles tot. Ebenso die Adler und die meisten Geier. Nur das Männchen eines Kondorpärchens überlebte. Einsam und allein saß der Geier drei Tage lang auf der Gloriette. Dann war er plötzlich verschwunden. Vielleicht wurde er abgeschossen, vielleicht hat er irgendwie überlebt.«

Auch die Gloriette, auf der jener Kondor drei Tage lang gesessen war, wurde durch Bomben getroffen; ebenso das Schloss Schönbrunn, wo die große Galerie mit dem Deckengemälde von Guglielmi ostseitig beschädigt und die linke Freitreppe weggerissen wurde.

Das Schönbrunner Schlosstheater erlitt leichte Beschädigungen, doch blieben gerade die wundervollen Schauräume wie durch ein Wunder unbeschädigt.

Einen schweren Treffer allerdings bekam das Palmenhaus, das vollständig ausbrannte; zirka 45.000 Glasscheiben sind dabei zu Bruch gegangen.

Eingestürzte Pavillons, umgefallene Gitter, leere Volieren prägten jetzt das Bild des Schönbrunner Tiergartens. Und dennoch benötigten die restlichen Tiere noch immer

Auch Österreichs schönste Kulturbauten wurden Ziele der Bombenangriffe. Foto: Schäden an der Gloriette.

täglich 240 Kilogramm Fleisch und 800 Kilogramm Heu – aber woher nehmen?
Karl Schopper: »Die Futtermittel waren fast gänzlich aufgebraucht, das Heudepot halb leer, und Obst und Gemüse gab es nicht oder kaum.«
Am 9. April 1945 kamen über den Glorietteberg die ersten russischen Soldaten in den Tierpark; für Schönbrunn war der Krieg zu Ende.

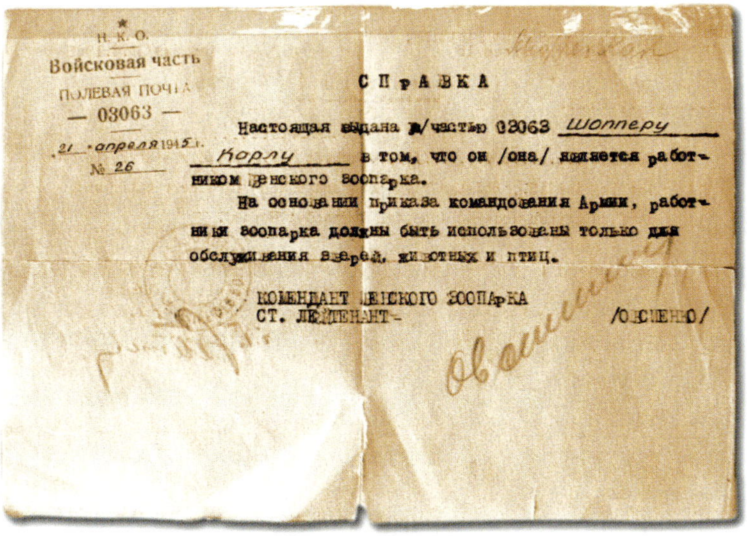

Н. К. О.
Войсковая часть
ПОЛЕВАЯ ПОЧТА
— 03063 —
21 апреля 1945 г.
№ 26

СПРАВКА

Настоящая выдана в/частью 03063 Шопперу Карлу в том, что он /она/ является работником Венского зоопарка.
На основании приказа командования Армии, работники зоопарка должны быть использованы только для обслуживания зверей, животных и птиц.

КОМЕНДАНТ ВЕНСКОГО ЗООПАРКА
СТ. ЛЕЙТЕНАНТ- /ОСИЕНКО/

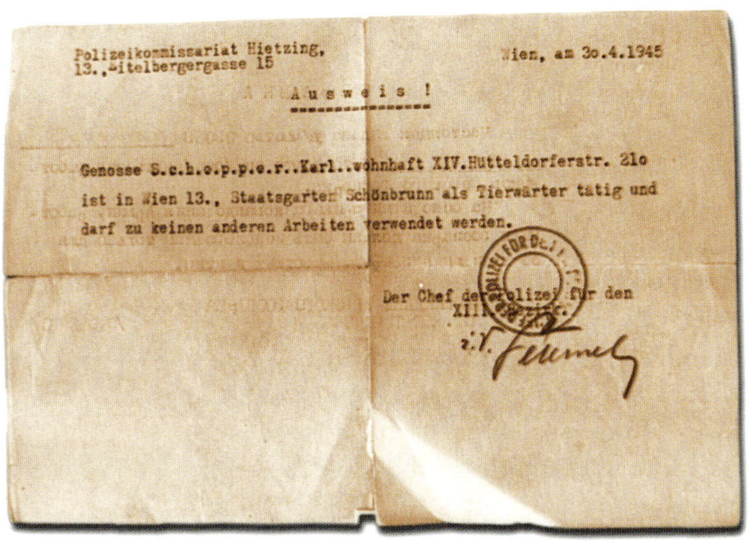

Polizeikommissariat Hietzing,
13., Hietelbergergasse 15

Wien, am 3o.4.1945

Ausweis!

Genosse S.c.h.o.p.p.e.r..Karl..wohnhaft XIV.Hütteldorferstr. 21o ist in Wien 13., Staatsgarten Schönbrunn als Tierwärter tätig und darf zu keinen anderen Arbeiten verwendet werden.

Der Chef der Polizei für den XIII. Bezirk.
i.V.

Die Russen versorgten die Tiere mit Futter und gaben den Pflegern Sonderausweise.

Russen helfen im Zoo

Der Zweite Weltkrieg war zu Ende: Über 50 Millionen Menschenleben hatte er weltweit gekostet.
Und während am 27. April 1945 von den Russen die provisorische österreichische Staatsregierung mit Staatskanzler Renner an der Spitze anerkannt und vor dem Parlament die »Wiederherstellung der Republik Österreich« proklamiert wurde, hatte man im Tiergarten Schönbrunn große Sorgen.
Karl Schopper: »In Schönbrunn waren nur noch acht Männer und drei Frauen, die für 500 Tiere sorgen mussten, und es gab kaum noch Futter für die Tiere.«
Zu diesen Sorgen kam noch ein neues Problem. Schopper: »Die Russen holten damals jeden zum Arbeitsdienst. Eine Sondergenehmigung musste deshalb für mich und meine Schönbrunner Kollegen besorgt werden, denn wenn man uns zum Arbeitsdienst eingezogen hätte, wären die Tiere alle eingegangen.«
Gemeinsam mit Karl Rebernigg, dem Besitzer des gleichnamigen Zirkus, der während der letzten Kriegstage seine Waggons im Tiergarten eingestellt hatte und der gut russisch sprach, gingen die restlichen Tierwärter zum sowjetischen Militärkommandanten, der seine Kommandantur im Haus des Polizeikommissariats Hietzing auf der Hietzinger Hauptstraße aufgeschlagen hatte. Sie redeten, »wie wenn's um das eigene Leben ging«.
Die entschlossene »Delegation der Tierliebe« machte auf den sowjetischen Kommandanten General Dimitrij Schepilow solchen Eindruck, dass er sich noch fast 40 Jahre später genau daran erinnern konnte: »Es gibt wirklich kuriose Dinge. Da kam eine sehr aufgeregte Gruppe von Österreichern zu mir, die sofort vorgelassen werden woll-

ten. Die Leute erklärten, sie seien das Personal des bekannten Wiener Tiergartens. Die Tiere brüllten vor Hunger und sie demolierten ihre Käfige, weil es kein Futter gebe. Ich ließ mich überzeugen, die Tiere im Tiergarten eine Zeit lang auf Armeekost zu setzen, bis das Leben in Schönbrunn wieder richtig organisiert war. So gab ich dem General im Hinterland, General Dubrowskij, die Anweisung, für die Bewohner des Wiener Tiergartens Armeerationen auszugeben.«

Außerdem wurden Genehmigungen in Deutsch und Russisch erteilt, wonach die »Schönbrunner« für keine andere Arbeit außer für die Aufrechterhaltung des Betriebes im Zoo herangezogen werden durften. Bis Juli 1945 wurden die Tiere von Schönbrunn also von der Roten Armee verköstigt. Damit waren die Probleme aber noch nicht beseitigt, denn die sowjetischen Soldaten gaben nicht nur, sie nahmen auch, was sie wollten; Tag und Nacht wurde geplündert.

Karl Schopper: »Der General sagte uns: Sie können in der Lobau Heu holen. Also nichts wie los. Bis zur Hietzinger Brücke sind wir gekommen, dann war das Fuhrwerk weg, die Pferde waren weg, und der Kutscher war auch weg. Also wieder zur Kommandantura.« Beim zweiten Anlauf hat es dann geklappt.

Fleisch für die Raubtiere gab es auch: Elf Kamele einer usbekischen Nachschub-Einheit, die bis ins Waldviertel gekommen war, wurden dem Tiergarten übergeben. Man wollte den Tieren den langen Weg zurück ersparen.

Dann wurden plötzlich die Affen krank: Durch Vitaminmangel bekamen fast alle Durchfall, fielen wie Steine von den Haltestangen und lagen zitternd auf dem Boden. Sie brauchten dringend Obst und Milch. Doch woher nehmen?

Diesmal gab es keine Hilfe von den Russen, und die Kühe im Stall der Kaiserin Elisabeth waren beschlagnahmt.

Doch die Schönbrunner Tierpfleger wussten Rat und hatten Mut: Sie entführten eine der Kühe und versteckten sie im Tiergarten. Aus Milch und Reis machten sie einen Brei, dem sie Erde beimischten. Schopper: »Mit dem Gatsch fütterten wir die Affen. Eine Woche später waren sie wieder gesund. Milch und Reis gab Kraft, die Erde stopfte.«

Die russischen Soldaten ließen sich im Tiergarten mit den Elefanten fotografieren und beschlagnahmten die Kühe im Stall der Kaiserin Elisabeth.

Traurig schaut der Elefant aus seinem Haus: Überall Verwüstung und der Hungerwinter 1945/46 stand erst bevor.

Am 19. Juli 1945 bekam Schönbrunn einen neuen Leiter: Der Tierarzt Julius Brachetka wurde der 13. Direktor in der Geschichte des Tiergartens Schönbrunn und mit 29 Jahren der jüngste, der dieses Amt ausübte. Die Zeit, in der er antrat, war dafür die schwerste, die der Zoo durchzumachen hatte. Überall Verwüstungen – und der Hungerwinter 1945/46 stand noch bevor.

Mit großem Einsatz, viel Mut und grenzenloser Fantasie brachten Brachetka und seine Mannschaft den Tiergarten durch die schwere Zeit. Der Tierbestand wurde in den ersten Hungerjahren der Nachkriegs zeit nicht nur gehalten, sondern auch noch wesentlich vergrößert!

Bei der Beseitigung der Schuttberge, die der Bombenangriff verursacht hatte, machte Julius Brachetka eine bedeutende historische Entdeckung: Unter den Trümmern des Nilpferdhauses fanden sich Akten über den Tiergarten aus der Zeit vor dem Ersten Weltkrieg. Sie erwiesen der Geschichtsforforschung einen unschätzbaren Dienst, handelte es sich doch um Unterlagen über die Zeit, in der die Menagerie ihre größte Entfaltung in der Monarchie erreicht hatte. Die Geschichte des Tiergartens ließ Brachetka nicht mehr los und er forschte weiter. Im Stadtarchiv fand er den ältesten Nachweis für einen Tiergarten in Wien (aus dem Jahre 1452) und in der Graphischen Sammlung Albertina den verloren geglaubten Plan für die Menagerie aus 1751.

Schließlich schrieb er 1947 ein Buch über Schönbrunn, das erste, das seit fast hundert Jahren zu diesem Thema erschienen war. Darin heißt es zum Abschluss:

»Schönbrunn ist trotz aller Einbußen noch immer ein gesegnetes Stück Erde, bei dessen Anblick einem das Herz weit werden muss. Am schönsten aber ist es frühmorgens oder noch mehr am Abend, wenn die Schatten die Kastanienbäume wie eine dunkle Wand erscheinen lassen und der Pavillon im Strahl der scheidenden Sonne aufleuchtet. Wenn das abendliche kraftvolle Gebrüll der Löwen ertönt, in das sich das Geheul der Wölfe, Schakale und Dingos zu einem mächtigen Abendkonzert der Natur vereinigt, dann könnte man fast glauben, die Welt wäre schön.«

Seit damals sind viele Jahre vergangen und nach der siebenjährigen Aufbauzeit mit Dr. Brachetka stand dem Wiener Zoo noch ein wechselhaftes Schicksal bevor. Doch heute ist der Tiergarten Schönbrunn schöner denn je und zählt zu den zehn besten Zoos der Welt. Trotz modernster neuer Anlagen für die Tiere ist es gelungen, auch die einzigartigen historischen Bauten zu erhalten. Im Jahre 1997 wurde der Tiergarten Schönbrunn auch deshalb – gemeinsam mit Schloss und Park von Schönbrunn – in die Welterbeliste der UNESCO aufgenommen.

Barocke Pracht, frisches Grün und glückliche Tiere: Der Kaiserpavillon und Axishirsche mit Kälbchen.

Die Wanne ist voll: Orang-Utans beim Badespaß.

Winter in Schönbrunn

In »weißer Verpackung« wirken die schönen barocken Bauten und prächtigen Gitter noch märchenhafter und die großzügigen Tieranlagen wirken verschneit noch weitläufiger, als sie ohnehin schon sind.

Eisbär

Sibirischer Tiger – Winterzeit, tief verschneit: Schneefälle verzaubern den Tiergarten Schönbrunn.

Brütender Kormoran, Krauskopfpelikane.

Rosa Flamingos

Fuchsmanguste aus Südafrika bestaunt die weiße Pracht.

Zoobesucher können nun Tiere im Schnee beobachten. Viele von ihnen würden nicht erwarten, dass diese im Winter ihre Behausung verlassen würden.

Krauskopfpelikane

Afrikanische Elefanten

Eisbär

Mähnenrobbe

Eisbären

Kamtschatka-Bär

Für einen Besuch im Tiergarten Schönbrunn gibt es kein schlechtes Wetter, nur unpassende Bekleidung: Die Tiere sind immer da und freuen sich stets über Gäste.

Der Tiergarten ist täglich, das ganze Jahr über, bei jeder Witterung ab 9 Uhr geöffnet.

Magot oder Berberaffe

Weißstorch

Bartge

Jag

Sibirischer Tiger

Ein Zoo im Käfig der Bürokratie

An einem schönen Frühsommertag des Jahres 1972 spazierten Bundeskanzler Bruno Kreisky und sein gerade 34 Jahre alter Finanzminister Hannes Androsch durch den Tiergarten Schönbrunn.

Der Bundeskanzler war nicht zum Vergnügen hier; er wollte sich ein persönliches Bild von der Anlage machen, bevor er den Tiergarten »zusperrte«, wie man ihm bereits vorgeschlagen hatte.

Gründe dafür gab es genug: Die Besucherzahlen waren rückläufig, das Defizit stieg und immer öfter äußerten Fachleute Kritik an der Tierhaltung: Der Tiergarten hätte den Anschluss an die moderne Zooentwicklung verschlafen!

Lange spazierten die beiden Politiker durch den Tiergarten und betrachteten die Elefanten, Löwen, Tiger, Giraffen, Eisbären und all die anderen Zoobewohner in ihren veralteten Quartieren. Ganz genau beobachtete Bruno Kreisky auch die Besucher, vor allem die Kinder und alten Leute, und erkannte, wie wertvoll für Menschen die Begegnung mit Tieren ist. Kreisky sah, dass auch der aufregendste Naturfilm im Fernsehen den Blick in das Auge eines lebenden Tieres nicht ersetzen kann. Bald stand sein Entschluss fest: »Der Schönbrunner Tiergarten wird nicht zugesperrt.«

Bundeskanzler Kreisky sah, dass auch der aufregendste Naturfilm im Fernsehen den Blick in das Auge eines lebenden Tieres nicht ersetzen kann.

Lit 1000,– Din 90,– Dr 90,– DM 2,– sfr 1,90

Sonntag, 28. April 1985 / Nr. 8953, S 5,–

Neue Kronen Zeitung

UNABHÄNGIG

Wien 19, Muthgasse 2, Telefon 36 01-0

Teamspion Starek sah 4:0-Sieg des WM-Gegners

Österreichs „Teamspion" Gustl Starek sah gestern in Rotterdam einen 4:0-Sieg der holländischen Fußballauswahl gegen Feyenoord. Hollands WM-Team simulierte den Einsatz gegen Österreich und hinterließ einen starken Gesamteindruck. Siehe Sport.

Schönbrunn – Tiergarten in Not!

Auch die »Kronen Zeitung« schaltete sich ein und führte im September 1972 eine erste Hilfsaktion für die Tiere in Schönbrunn durch, mit Aufklebern und täglichen Berichten von Reinald Hübl.

Die Besucherzahlen stiegen wieder und der zuständige Bautenminister, Josef Moser, sandte einen langen Brief an die Redaktion, in dem all die Neuerungen versprochen wurden, die man bisher versäumt hatte.

Etwa 100 Millionen wollte man ausgeben. Allerdings, erklärte der Minister gleichzeitig, könne man natürlich nur der Budgetlage entsprechend vorgehen.

Das war es dann auch. Es gab zwar einige bauliche Neuerungen, die versprochenen Projekte blieben aber alle in der Planung.

Inzwischen wuchsen die Probleme und Missstände im Tiergarten Schönbrunn. Die Direktion war aber nicht in der Lage, im Ministerium so aufzutreten, dass man die notwendigen Mittel zur Verfügung stellte, um aus Schönbrunn einen modernen Zoo zu machen.

»Die Bürokratie verhindert das«, wurde allgemein im Tiergarten versichert, ganz egal, welches Problem der Unterbringung und Betreuung der Tiere angesprochen wurde.

Tatsächlich war die seit 1921 bestehende Organisationsform denkbar ungünstig: Der Tiergarten war dem Schlosshauptmann von Schönbrunn unterstellt, der mit seinem Büro eine Außenstelle des Bauten-, später dann des Wirtschaftsministeriums bildete. Dazwischen lag der Amtsweg.

Alle Einnahmen wurden an das Finanzministerium abgeliefert und verschwanden im Defizitloch des Bundes.

Seite 14 — Sonntag, 28. April 1985

Der Tiergarten Schönbrunn in Wien ist der älteste erhalten gebliebene Zoo der Welt. Er könnte eine internationale Attraktion sein. Doch leider ist sein jetziger Zustand in vielen Bereichen eine Schande für das Kulturland Österreich.

Schönbrunn – Tiergarten in Not

Ein Report von Gerhard Kunze

Das Affenhaus ist ein Kerker

»Ein guter Käfig ist eine Wohnung – ein schlechter Käfig ist ein Kerker.« Tiervater Alfred Brehm

Eine haarige Hand aus dem Käfig – ein Signal tödlicher Langeweile

SERIE — Seite 15

Schimpanse „Jonny" muß auf dem harten Boden schlafen. Artgerechte Haltung ist das nicht, denn in freier Wildbahn bauen Schimpansen weiche Nester in den Bäumen.

MORGEN LESEN SIE:
Nur ein Fußbad für die Tiger

Es geht auch anders

Konrad Lorenz wörtlich

Orang-Utan-Mädchen „Nonia": kein Spielzeug, keine Abwechslung

Die Geldmittel, die der Tiergarten benötigte, wurden »der Budgetlage entsprechend« zugeteilt. Von einem effektvollen Management konnte da keine Rede sein, sehr zum Nachteil der Tiere, aber auch der Menschen, die dort arbeiteten: Frustration und Desinteresse breiteten sich aus, Alkoholismus und Arbeitsverweigerung waren nicht selten anzutreffen.

Der älteste Zoo der Welt versank in einem Sumpf von Entscheidungslosigkeit und Verzögerung.

13 Jahre nach der ersten Schönbrunn-Aktion untersuchte ich die Probleme des Tiergartens und schrieb darüber in der »Kronen Zeitung« die siebenteilige Serie »Schönbrunn – Tiergarten in Not«.

Fazit: Es hatte sich nichts gebessert. Im Gegenteil, alles war noch schlimmer geworden. Hoffnung bestand kaum. Zahlreiche Gehege, teilweise noch keine 20 Jahre alt, konnten als Negativbeispiele für Zootierhaltung vorgeführt werden.

Für Luchse wurden kleinere Zwinger errichtet, als es sie in der Kaiserzeit je gegeben hatte, der für Braunbären viel zu kleine Auslauf aus den 50er-Jahren wurde halbiert und mit den lauffreudigen Geparden bzw. nebenan den Hyänen besetzt. Immer mehr sinnlose Gitter und Eisendrähte wurden verlegt. Dreifach-Vergitterungen bei Rindern, Lamas und Kamelen störten nicht nur die Fotografen.

Dafür fehlten vielen Tieren Einrichtungen im Gehege, mit denen sie sich beschäftigen konnten, um sich wohl zu fühlen.

Besonders erschütternd war das Schicksal der Menschenaffen: In viel zu kleinen Käfigen, auf nackten, harten Böden saßen die Tiere in Einzelhaft; ohne Spielzeug, ohne Beschäftigung. Sie verbrachten die Tage in tödlicher Langeweile, die nur dann unterbrochen wurde, wenn der Wärter mit dem Futternapf kam.

Die Tiere erkannten ihn schon am Schritt, und sobald sich die Türe öffnete, gingen sie ihm entgegen und umarmten ihn wie einen alten Freund, den sie schon lange nicht mehr gesehen hatten.

Tierfreunden stiegen bei diesen Szenen die Tränen in die Augen; aus Rührung über die herzliche, freundliche Art, mit der die Affen »ihren« Menschen begrüßten, und gleichzeitig aus Zorn darüber, wie diese hoch intelligenten Tiere in Schönbrunn gehalten wurden.

Tiergarten in Not: In den Gehegen fehlten Einrichtungen, mit denen sich die Tiere beschäftigen konnten, um sich wohl zu fühlen.

Einmal wurden die Giraffen ein ganzes Jahr lang nicht aus dem Haus gelassen …

»Dieses Affenhaus ist nicht mehr diskutabel«, sagte auch Zooleiter Walter Fiedler, sorgte aber nicht dafür, dass den Tieren wenigstens Spielzeug, Laub und Heu in die Käfige gebracht wurde.

Neue Konzepte gab es für neue Affenhäuser, doch das Wichtigste schien wohl die Vermehrung der Artenzahl zu sein. Einmal wurden die Giraffen ein ganzes Jahr lang nicht aus dem Haus gelassen, weil es in der Freianlage eine zumeist verwaiste Baustelle gab; nur durch das Fenster konnten sie die Sonne sehen. Dafür wurden Vögel, die sich in freier Natur auch bei Eis und Schnee im Freien aufhalten, während der Wintermonate ins beheizte Haus gesperrt. Kein Wunder, dass ein Jungtier in dieser Zeit eine starke Verhaltensstörung entwickelte.

CHRONIK KURIER SEITE 17

Neue spektakuläre Protestaktion gegen die Art der Tierhaltung

Tierschützer sperrten den Schönbrunner Zoo

Maskierte Tierschützer erkletterten das Haupttor und montierten Transparente und Ketten

31. Mai 1987: Maskierte Tierschützer erkletterten das Haupttor und montierten Transparente und Ketten.

In vielen Briefen – an die »Kronen Zeitung« und an das zuständige Bautenministerium – äußerten Menschen ihre Erschütterung über die Zustände in Schönbrunn und forderten rasche Hilfe für die Tiere.

Minister war jetzt Heinrich Übleis, und der schrieb keinen Brief mit Versprechungen; er organisierte eine Soforthilfe und stellte das Geld zur Verfügung, um den Menschenaffen das Quartier so weit wie möglich zu vergrößern.

Noch im gleichen Jahr konnten Orang-Utan-Mädchen »Nonja« und ihre Freunde ins neue Quartier einziehen. Die Einrichtung blieb kahl und lieblos, war allerdings leicht zu reinigen.

Dann wurde eine Expertenkommission ins Leben gerufen, die ein modernes Tiergartenkonzept erarbeiten sollte. Minister Übleis war fest entschlossen, den Tiergarten zu sanieren. Allerdings blieb er nicht Bautenminister; auf ihn wartete ein noch weit größerer Sanierungsfall – er wurde Generaldirektor der Österreichischen Bundesbahnen.

Die Expertengruppe trat zurück, das Konzept zur Neugestaltung landete in der Schublade. Dennoch: Die Diskussion um den Tiergarten sollte nicht mehr verstummen.

Schönbrunn: Tier-KZ

Sonntag, 31. Mai 1987, kurz vor 9 Uhr: Die Sonne strahlte bereits freundlich vom Himmel, ein schöner Frühlingstag kündigte sich an. Vor dem riesigen schmiedeeisernen Gittertor am Hietzinger Eingang des Tiergartens Schönbrunn warteten bereits die ersten Besucher; gleich sollte Einlass sein.
Plötzlich stürmten aus den seitlichen Büschen etwa 20 Menschen und liefen auf den Eingang zu; junge Tierschützer, die über ihre Gesichter Strümpfe gezogen hatten.
Mit unglaublicher Geschwindigkeit erkletterten sie das Gittertor, versperrten es mit Eisenketten und befestigten Transparente mit der Aufschrift: »Tiere sind keine Sache« und »Schließung des Tier-KZ Schönbrunn«.
Rasch bemerkte man auch im Tiergarten die Vorgänge: Die Polizei wurde gerufen. Der Tiergartendirektor kam und sprach durch das Gitter mit den Polizisten. Er war in seinem Zoo eingesperrt.
Jetzt holten Tiergartenangestellte eine Metallsäge aus der Werkstatt, schnitten damit die Eisenketten durch und nahmen die Transparente ab; der Zoo war wieder geöffnet.
Nach einer Stunde war die Aktion der Tierschutzgruppe »Oryx« vorbei.
Schon einmal hatten diese Tierschützer hier für Aufregung gesorgt. Aus Protest gegen die Art der Tierhaltung sperrten sie sich 1985 in einem veralteten, leeren Käfig ein. Vor laufenden Fernsehkameras wurden sie dann von der Polizei herausgeholt.
In einer Art Anklageschrift kritisierten die jungen Tierschützer die Zustände in Schönbrunn, wiesen aber darauf hin, dass die morgendliche Protestaktion Ausdruck der großen Zuneigung war, die sie zum Tiergarten und dessen Bewohnern hatten.

Zwei Jahre später wurde der organisierte Tierschutz aktiv. Am 18. Mai 1989 wurde in einer Pressemitteilung u. a. folgendes festgestellt: »Unter Beteiligung international anerkannter Experten wurde auf Initiative der Tierschutzaktion BLAUER KREIS eine ‚Arbeitsgemeinschaft Zoo' gegründet. Aufgabe dieses Gremiums von Zoofachleuten wird es in erster Linie sein, bei allen zuständigen Stellen auf eine rasche Verbesserung der Tierhaltung im Schönbrunner Tiergarten zu drängen.
Obwohl in den letzten Jahren etliche Tierhäuser und Gehege neu errichtet werden konnten, die sowohl dem internationalen Standard als auch den Bedürfnissen der Tiere entsprechen, ist unter anderem vor allem der Neubau eines Affenhauses und von Raubkatzenanlagen dringend erforderlich.
Von dem Standpunkt ausgehend, dass jeder gut geführte Zoologische Garten auch sehr viel zur Förderung des Verständnisses für Tiere, für ihren Schutz und ihre Erhaltung beiträgt, soll den von radikalen Tierschützern vertretenen Forderungen nach einer Schließung des Zoos mit fachlichen Argumenten begegnet werden.
Am 13. Mai trafen einige Mitglieder der Arbeitsgemeinschaft, darunter als prominentester Teilnehmer Prof. DDr. Dathe, der Leiter des Tierparks Berlin, anlässlich eines vom Wiener Volksbildungswerk veranstalteten Symposiums zusammen und beschlossen u. a., dem neuen, für den Tiergarten Schönbrunn zuständigen Wirtschaftsminister Dr. Wolfgang Schüssel einen Wunschkatalog zu überreichen und ihn gleichzeitig über die dringende Notwendigkeit verschiedener Neu- und Umbauten sowie organisatorischer Reformen zu informieren."

Die einsame Jumbo: Ein Elefant rettet den Tiergarten

Elefantendame Mädi war ins Haus gegangen und plötzlich zusammengebrochen. Mit erhobenem Kopf lag sie auf dem Boden und atmete schwer. Jumbo stand besorgt daneben und streichelte die Gefährtin mit dem Rüssel. Seit 30 Jahren lebten sie schon gemeinsam im Zoo.

Mädi hatte Kreislaufprobleme. Deshalb hatte ihr der Tierarzt am Vortag auch Blut für eine Untersuchung abgenommen und in der Früh eine Infusion gegeben; am Abend bekam sie eine zweite.

Doch jetzt musste Mädi wieder aufstehen. Jumbo versuchte sie hochzudrücken und stemmte ihren Kopf gegen den Körper der Freundin. Auch Mädi bemühte sich, auf die Beine zu kommen. Aber es gelang ihr nicht. Bleibt ein Elefant liegen, versagt der Stoffwechsel und der Kreislauf bricht zusammen. In der freien Natur hilft in einem solchen Fall die ganze Herde mit, um das gestürzte Tier wieder aufzurichten.

Hier in Schönbrunn war nur noch die Elefantendame Jumbo; und sie allein hatte keine Chance.

Der neue Zoodirektor hätte die Feuerwehr rufen müssen, um Mädi wieder auf die Beine stellen zu lassen – eine Maßnahme, die bei jedem Wanderzirkus selbstverständlich ist. Aber die Feuerwehr wurde nicht gerufen, und am nächsten Tag, am 1. Juli 1990, um 6.45 Uhr früh starb Mädi.

Ob ein Rettungsversuch der Mädi wirklich nicht geholfen hätte, wie Dr. Fritz Böck meinte, muss Spekulation bleiben.

Nun war Jumbo also allein im Tiergarten Schönbrunn und wanderte traurig auf der weiten Sandfläche umher. Elefanten sind Herdentiere, die Einzelhaltung stellt für die klugen Tiere eine besondere Grausamkeit dar.

Doch der Tiergartendirektor sagte: »Mir sind die Hände gebunden. Der zuständige Wirtschaftsminister Wolfgang Schüssel befindet sich derzeit auf Urlaub. Allein kann ich über die Neuanschaffung eines Elefanten nicht entscheiden.«

Als Minister Schüssel von der einsamen Jumbo erfuhr, entschied er sofort: »Weltweite Suche nach einer idealen Partnerin. Jumbo darf nicht einsam bleiben.«

Inzwischen konnte sich Jumbo über einen gigantischen Besucherandrang freuen: Alle wollten der »Einsiedlerin« von Schönbrunn Gesellschaft leisten.

Fernsehstar Alfons Haider kam fast täglich und brachte stets Äpfel für Jumbo mit.

Tierexperten schlugen inzwischen vor, lieber zwei kleinere Elefanten als Partner zu besorgen, um die Eingewöhnung zu erleichtern. Jumbo könnte die Aufgabe einer Tante übernehmen, ein bei Herden in der Wildnis durchaus üblicher Vorgang.

Doch der Zoochef wollte lieber einen erwachsenen Elefanten und erklärte, bereits verschiedene Angebote zu haben.

Das Ende von Jumbos Einsiedlerdasein schien also absehbar.

Die »Kronen Zeitung« erwies sich wieder als wirkungsvollstes Medium für den Tierschutz: Über Missstände im Zoo wurde so lange berichtet, bis sie beseitigt waren.

REPORTAGE

Elefantendame Mädi starb mit 32 Jahren

Tiertragödie im Wiener Zoo Schönbrunn

Die Kronen Zeitung fordert Soforthilfe

VON GERHARD KUNZE

Beschämender Zustand

Und Jumbo weinte bitterlich

Die „Krone“ fordert

Führungselefant Jumbo

Tiergarten befreien

Die einsame Jumbo wurde immer trauriger und zum »Symbol« für die fällige Reform des Tiergartens: Ihr Schicksal einte auch die Abgeordneten im Parlament.

Ganz Österreich verfolgte voll Empörung das Schicksal der armen Jumbo in Schönbrunn.

Doch dann wurde es still um die Partnersuche für Jumbo. Die verschiedenen Angebote erwiesen sich als veraltet oder falsch; die Zoodirektion schien nicht in der Lage zu sein, einen Elefanten für Wien zu besorgen. Allerdings waren auch keine intensiven Bemühungen zu erkennen.

Um so empörter reagierte die Öffentlichkeit, als – fast vier Monate nach Mädis Tod – bekannt wurde, dass Fritz Böck, falls kein Partner gefunden würde, Jumbo an den Berliner Zoo abgeben wollte, obwohl der Direktor dort zugab: »Wenn Jumbo abgegeben werden muss, werden wir sie natürlich aufnehmen. Aber: So ein Wechsel kann für einen 32 Jahre alten Elefanten das Todesurteil sein.«

Doch nicht nur Jumbo sollte aus Schönbrunn verschwinden: Insgesamt 36 Tierarten wurden Interessierten angeboten. Auch Darik und Pascha, die beiden Löwen, befanden sich auf der »Ausverkaufsliste«.

Minister Wolfgang Schüssel sprach ein Machtwort: »Es wird keinen Ausverkauf von Tieren geben! Und außerdem soll der Zoo möglichst bald in eine eigene Gesellschaft umgewandelt werden.« Schüssel war fest entschlossen, die Reform des ältesten Tiergartens der Welt durchzuziehen: »Ich kann von den Leuten vor Ort erwarten, dass sie ihre Hausaufgaben machen und nicht ständig nach Ausreden suchen, warum etwas nicht funktionieren soll. Von diesem Bürokratiedschungel habe ich endgül-

Mit einem Flugzeugreifen vertrieb sich Jumbo die Zeit der Einsamkeit.

Die Kaufleute der Neubaugasse in Wien 7 stellten in ihren Geschäften lustige Elefantensparbüchsen auf, und bei Straßenfesten liefen Kinder, als kleine Elefanten verkleidet, mit Sammelbüchsen umher. Bald war das Geld für einen Partner beisammen.

Doch Jumbo half das wenig; sie stand weiter allein im Zoo. Die Tage, die Wochen gingen dahin.

Zehn Monate lang geschah gar nichts. Dann plötzlich kam die Meldung: Im Zoo von Halle in der ehemaligen DDR gibt es eine passende Artgenossin! Kiwu, eine 18-jährige afrikanische Elefantendame, lebte hier mit zwei indischen Elefanten auf sehr beengtem Raum zusammen. Der Wiener Tiergarten Schönbrunn hatte bereits Kontakt aufgenommen; das war Mitte April.

Jumbo stand schon fast ein Jahr lang allein und wurde immer trauriger.

In Halle wartete inzwischen Kiwu, bestellt und nicht abgeholt, und man hoffte, dass aus Wien jemand käme, um sie zu besichtigen und den Transport zu organisieren.

Einfach zum Brüllen, wie lange es dauert, einen Tiergarten zu retten und einen ordentlichen Manager zu finden.

tig genug. Wir brauchen einen Radikalschnitt.« Bereits vorher hatte der Minister 200 Millionen Schilling für den Ausbau des Tiergartens bereitgestellt und außerdem eine betriebswirtschaftliche Durchleuchtung des Zoobetriebes angeordnet.

Aber kein Expertenbericht über Mängel in Verwaltung und Tierbetreuung konnte die Missstände im Tiergarten Schönbrunn deutlicher darstellen als das Schicksal der einsamen Jumbo, für die man nicht und nicht einen Partner finden konnte.

Die Wiener rührte das Schicksal des einsamen Elefanten. Kinder schickten Zeichnungen für die arme Jumbo nach Schönbrunn und baten den Zoodirektor, doch endlich eine Freundin für den Elefanten zu besorgen.

Fernsehstar Alfons Haider kam fast täglich und brachte stets Äpfel für Jumbo mit. In Schönbrunn wurde er deshalb auch »Ehrentierpfleger« genannt.

Doch Wiens Zoodirektor fand dafür wochenlang keine Zeit dazu.
Halles Zoodirektor Jakob sagte deshalb: »Der Herr Kollege wird sich schon herbemühen müssen, zur Ansicht kann ich ihm den Elefanten nicht nach Wien schicken.«
Aber Fritz Böck entdeckte immer neue Probleme: »Ein Tor des Elefantenhauses ist eingerostet und muss repariert werden, der Sand im Auslauf ist zu erneuern.«
Warum war dies nicht schon längst geschehen?
Fast drei Monate hatte sich der Wiener Zoochef Zeit gelassen, um zu Kiwu nach Halle zu fahren. Als es dann, Anfang Juli, endlich so weit war, gab es eine neue Verzögerung: »Wir wollen mit der Überführung des Elefanten warten, bis die größte Hitze vorbei ist.«
Ganz Österreich verfolgte mittlerweile voll Empörung das Schicksal der armen Jumbo in Schönbrunn, und immer mehr Tierfreunde erkannten, dass es mit dem Zoo so nicht weitergehen konnte.
Auch die Politiker aller Parteien wollten rasch helfen und beschlossen 1991 das »Jumbo«-Gesetz: In der letzten Sitzung vor der Sommerpause einigten sich im parlamentarischen Bautenausschuss SPÖ, ÖVP und FPÖ darauf, den Zoo aus der Bundesverwaltung auszugliedern und in eine GmbH umzuwandeln: Schönbrunn war aus dem »Käfig der Bürokratie« befreit. Der Posten eines neuen Leiters des Tiergartens wurde international ausgeschrieben.
Einen Elefanten, der mehr als ein Jahr allein bleiben musste, sollte es nie wieder geben.
Die »Einsiedlerin von Schönbrunn« stand inzwischen weiter allein im Zoo und wurde immer nervöser; seit dem Tod ihrer Gefährtin schlief sie sehr schlecht. Denn in einer Elefantenherde wacht immer ein Dickhäuter, damit die anderen ruhig schlafen kön-

Wo bleibt die Hilfe für die Tiere in Schönbrunn?

Auch Pascha und Darik sollten verkauft werden. Doch Dr. Wolfgang Schüssel, damals Wirtschaftsminister, sprach ein Machtwort und die beiden Berberlöwen lebten noch acht glückliche Jahre im Schönbrunner Tiergarten.

nen. Nur: Jumbo hatte niemanden, der mit ihr die Nachtwache teilen könnte. Im August verletzte sie sich und bekam einen Bluterguss am Bauch. Wie das geschah, weiß niemand; vermutlich ist sie in der Nacht durch ein Geräusch erschreckt worden und hat sich dabei gestoßen.
Zum Glück musste sie nicht operiert werden, die Behandlung mit Medikamenten war erfolgreich.
Inzwischen verzögerte sich der Transport aus Halle weiter. Die Speditionsfirma, die Fritz Böck ausgesucht hatte, besaß keine Transportkiste für einen Elefanten.
Dem Umstand wurde rasch abgeholfen. Nach meinem »Krone«-Bericht über die fehlende Kiste meldete sich Sigmund Krämer, Vorstandsdirektor des Wiener Hafens, und sagte: »Das Schicksal eines Elefanten darf doch, bitte, nicht von einer Kiste abhängen. Wenn dies das Problem ist, kann es der Schönbrunner Tiergarten als gelöst betrachten. Der Wiener Hafen wird für die Kiste sorgen und sie dem Zoo kostenlos zur Verfügung stellen!«
Am 24. September 1991 war es dann soweit: Kiwu kam in Wien an und Tausende

Am 10. Oktober 1996 eröffnete Wiens Bürgermeister Dr. Michael Häupl mit Hietzings Bezirksvorsteher Dipl.-Ing. Heinrich Gerstbach und Tiergartendirektor Dr. Helmut Pechlaner den Jumbo-Platz im Tiergarten.

Wiener fuhren nach Schönbrunn, um sie zu begrüßen. Als der riesige Kran die Kiste mit der neuen Gefährtin ins Gehege hob, war Jumbo aufgeregt wie nie zuvor und trompetete mit ihrem Rüssel so laut, dass man es im ganzen Tierpark hören konnte. Vorerst blieben die beiden Riesinnen allerdings durch Gitterstäbe getrennt. Die Elefantendamen mussten sich erst aneinander gewöhnen und Zeit finden, um sich gründlich zu beriechen und zu berüsseln. Kiwu musste außerdem erst ihre neue Umgebung gründlich studieren.

Doch dann war es soweit: Ohne trennende Gitter spazierten Jumbo und Kiwu, erstmals gemeinsam, ins Freigehege und jeder konnte sehen, wie sehr sich die beiden Tiere freuten. Jumbo holte für die neue Gefährtin sogar Blätter aus dem Graben des Elefantengeheges und ließ zu, dass ihr Kiwu Laub aus dem Maul stibitzte. Die Zeit der Einsamkeit war vorbei: Jumbo und Kiwu waren ein Herz und ein Rüssel.

Seite 14 — LOKALES — Samstag, 3. November 1990

Minister Schüssel will den Zoo reformieren und in eine Aktiengesellschaft umwandeln:

Kein Ausverkauf in Schönbrunn!

Minister Schüssel: „Geld ist da, auch für einen Gefährten der Elefantendame Jumbo." Foto: Gerhard Kunze

Ein Erfolg der „Krone"! Nach unseren Berichten über die teilweise skandalösen Zustände im Tiergarten Wien-Schönbrunn sprach der zuständige Minister Dr. Wolfgang Schüssel ein Machtwort: Es wird keinen Ausverkauf von Tieren geben! Und außerdem soll der Zoo möglichst bald in eine Aktiengesellschaft umgewandelt werden.

Schüssel ist fest entschlossen, die Reform des ältesten Tiergartens der Welt durchzuziehen. Und erwartet, daß Direktor Dr. Fritz Böck und seine Mitarbeiter voll mitmachen: „Ich kann von den Profis vor Ort erwarten, daß sie jetzt, da 200 Millionen vorhanden sind, ihre Hausaufgaben

VON GERHARD KUNZE

machen und nicht ständig nach Ausreden suchen, warum etwas nicht funktionieren soll. Von diesem Bürokratie-Dschungel habe ich endgültig genug, wir brauchen einen Radikalschnitt."

Nachdem Jumbos Einsamkeit ein Ende hatte, wurde am Freitag, dem 13. Dezember 1991, um 12.13 Uhr im Büro von Minister Schüssel der neue Gesellschaftsvertrag für die »Schönbrunner Tiergarten GmbH« gegründet und Helmut Pechlaner, der erfolgreiche Leiter des berühmten Innsbrucker Alpenzoos, offiziell zum neuen Direktor im Tiergarten Schönbrunn bestellt: Der älteste Zoo der Welt hatte wieder Zukunft. Die größte Verjüngungskur seiner Geschichte konnte beginnen.

Die Projekte des Bundes.

Nachdem der Tiergarten aus dem Käfig der Bürokratie befreit wurde und Dr. Pechlaner seine Leitung übernommen hatte, stellte der österreichische Staat die Mittel für ein gewaltiges Bauprogramm zur Verfügung, das den ältesten Zoo der Welt wieder unter die modernsten und besten Zoos der Welt reihte.

Bauprogramm A, Ausbaustufe 1:

230 Millionen Schilling:
Kleinaffen (10 Mio),
Großkatzen (58 Mio),
Wirtschaftshof (37 Mio),
Elefantenhaus (ca. 80 Mio),
Energieversorgung (15 Mio),
Planung, ÖBA, Sonstiges (ca. 30 Mio).

Rahmenprogramm B:

60 Millionen Schilling:
Altes Affenhaus, Mandrillanlage, Mähnenspringer, Robben, Schiebetore, Pavillion, Kesselhaus, Kea-Anlage, Vet.-med. Ordination, sonstige Instandhaltungen.

Bauprogramm C, Ausbaustufe 2:

303 Millionen Schilling
(Ausgaben bis 8/99: öS 55 Mio)
Greif-, Singvögel (24 Mio),
Aquarien-Terrarienhaus (55 Mio),
Flusspferdhaus (21 Mio),
Projekt Regenwaldhaus, Bärenanlage (203 Mio).

Nutrias
(aus Südamerika)
waschen ihr
Futter im Wasser,
bevor sie es fressen.

Halsbandpekaris
(aus Südamerika)

Hausziege

Weltsensation in Schönbrunn: Der japanische Serau (ein Verwandter unserer Gämsen), auch Kamoshika genannt, ist ein Geschenk der Stadt Omachi/Japan. In Schönbrunn erfolgte die erste Geburt eines solchen Tieres in Europa.

Bison-Baby in Schönbrunn: Der Vater ist Lakota Hokshila, ein Geschenk der Oglala Lakota (Sioux) an das österreichische Volk, den Häuptling Milo Yellow-Hair persönlich nach Wien brachte.

Shetlandpony

Lamas

Esel

Bison

»Der Bison ist ein Symbol des Überlebens einer Nation, das nachdenklich machen soll«, sagte Sioux-Häuptling Milo Yellow-Hair, als er den Vater des Bison-Babys nach Schönbrunn brachte. »Danke an Österreich, das mein Volk im Kampf um ihre Landrechte und Verbesserung der Lebensbedingungen in den Reservaten unterstützt.«

Flußpferde

Eisbären

Felsenpinguine

Zebras

Kamele (Trampeltiere)

Hirscheber: Vater (rechts) Mutter mit Kind.

Neubeginn mit 240 Jahren

»Bis zur 250-Jahr-Feier in zehn Jahren muss der Wiener Tiergarten der schönste und vorbildlichste der ganzen Welt sein«, sagte Dr. Helmut Pechlaner, als er zu Jahresbeginn 1992 sein Amt als Direktor des Schönbrunner Tiergartens antrat.
Eine gewaltige Aufgabe, die sich der ehrgeizige Tiroler da gestellt hatte, denn der älteste Zoo der Welt war zu diesem Zeitpunkt besonders schlimm heruntergewirtschaftet; mehr als Außenstehende vermuten konnten.
Doch in der Familie des promovierten Tierarztes war das Retten von Tieren aus schwieriger Situation nichts Neues.

Seine Urgroßmutter Anna Stainer-Knittel (1841–1915) hatte sich als junges Mädchen im Tiroler Lechtal zweimal über eine hohe Felswand abseilen lassen, um junge Adler aus dem Horst zu bergen, die sonst hilflos verhungert wären. Schafzüchter hatten um ihre Jungtiere gefürchtet und die Elternvögel abgeschossen.
Anna wurde durch ihre halsbrecherische Tat zum Vorbild für den mehrfach verfilmten Roman »Die Geier-Wally«.
Später war sie die erste Studentin der Kunstakademie in München und wurde eine angesehene Malerin. Sie konnte ihre Werke bereits auf der Wiener Weltausstel-

*Oben:
Der Tiergarten mit Dr. Pechlaner am Weg in die Zukunft: »Mit dem Kopf der Tiere denken«.*

*Links:
Pechlaners Urgroßmutter als »Geier-Wally«: Selbstdarstellung in Öl auf Leinwand, 1864 gemalt.*

Pechlaner mit dem Radl aus dem Fundamt.

Unten: Blumenbild der berühmten Malerin Anna Stainer-Knittel (Foto rechts oben).

lung 1873 verkaufen; ihre Arbeiten zählen heute zu den Schätzen des Museums Ferdinandeum und des Tiroler Landesmuseums in Innsbruck.

Schon in den ersten Arbeitstagen legte der neue Tiergartenchef ein Tempo vor, das man in der ehemaligen kaiserlichen Menagerie wohl seit den Gründungstagen nicht mehr erlebt hat. »Aber«, stellte Pechlaner erfreut fest, »alle Mitarbeiter helfen begeistert mit und kommen mit vielen guten Ideen. Mit diesem Schwung sollte es uns gelingen, die Missstände so rasch wie möglich aus dem Weg zu räumen!«

Zuerst wurde entrümpelt – und rund 80 Tonnen Sperrmüll aller Art weggeschafft. Dann montierte man unnötige Zwischengitter in den Gehegen ab, um je-

weils einen größeren Auslauf zu schaffen. Seit Jahrzehnten geschlossene und verrostete Eisentüren wurden wieder geöffnet, Gitter, Türen, Hauswände und Parkbänke neu gestrichen.

Am Lagerplatz des Wirtschaftshofes fand man zusätzliche 30 Parkbänke, durch die schon Sträucher wuchsen; die Bänke wurden restauriert und im Zoo aufgestellt.

Mit Fahrrädern, die am Fundamt nicht abgeholt worden waren und billig gekauft werden konnten, radelten die Tierpfleger und auch der Herr Direktor durch den Zoo.

Vor allem aber wurde die Einrichtung der Gehege verbessert. Helmut Pechlaners Rezept: »Ich bemühe mich, mit dem Kopf eines Tieres zu denken und mir vorzustellen, was es für Wünsche und Beschwerden hat.«

Verblüffende Wirkungen wurden schon mit kleinen Verbesserungen erzielt, die kaum Kosten verursachten. Pechlaner: »Es gibt jetzt verschiedene Einstreuarten für die Gehege, in denen früher Einheitssägemehl dominierte. Jetzt wohnen die Tiere auf Baumrinden, Heu, Erde oder Stroh.« Die Bären erlebten in ihrer Betonlandschaft zum ersten Mal, wie es ist, wenn man in richtiger Erde wühlt – und haben seither großen Spaß daran.

Elefanten, Giraffen und Hirsche müssen nicht mehr zusehen, wie die Gartenverwaltung die Bäume zurechtstutzt und die abgeschnittenen Äste abtransportiert; die Zweige bleiben jetzt im Zoo und werden in die Gehege gebracht. Die Tiere schälen sie mit Begeisterung ab, ein prächtiger Zeitvertreib und eine Futterergänzung! Außerdem ersparen sich die Gärtner den Transport.

Mit Jungvögeln aus dem Alpenzoo unterstützte Dr. Pechlaner das WWF-Projekt zur Wiederansiedlung der schönen Vögel. Nachdem er in Wien Direktor wurde, brüteten erstmals Bartgeier (Foto oben) im Tiergarten Schönbrunn.

Auch Orang-Utan-Dame Nonja schloss Freundschaft gleich am ersten Tag.

Zoo der glücklichen Tiere

Im Elefantenauslauf wurden gewaltige Eichenstämme aufgestellt, an denen sich die grauen Riesen ihre Haut geschmeidig reiben können. Etliche Tiere, die allein gehalten wurden, kamen zu Zuchtgruppen in andere Zoos. Dafür wurden neue Tiere nach Schönbrunn geholt, die hier mit vorhandenen Artgenossen Familien bilden, wie etwa die Königspinguine, die Zuwachs aus Schottland bekommen haben.

»Schönbrunn soll ein Zoo der glücklichen Tiere sein!«, forderte Helmut Pechlaner. Darum wurden für jede Tiergruppe wissenschaftliche Kuratoren und ein ständiger wissenschaftlicher Fachbeirat gegründet, in dem Österreichs beste Fachleute, aber auch internationale Experten vertreten sind.

Um für die Tiere die bestmögliche Betreuung zu garantieren, schickte man Pfleger zum Erfahrungsaustausch in ausländische Zoos und holte im Gegenzug Fachleute nach Wien. Mittlerweile ist der Tiergarten Schönbrunn auch immer öfter Tagungsort wissenschaftlicher Tagungen zum Wohle der Tiere.

Das alles funktioniert nur mit perfekter Organisation. Als Pechlaner seine Direktion antrat, musste er die Entscheidungsstrukturen neu gestalten. Früher wurde alles über das Ministerium abgerechnet, jetzt benötigte man eine eigene Buchhaltung: »Beim Futter für die Tiere wurde durch Planung, wirtschaftlichen Einkauf und sinnvolle Lagerung die Qualität verbessert, die Kosten wurden fast halbiert«, konnte Pechlaner nach einem Jahr stolz berichten.

Trotzdem ist der Tiergarten natürlich sehr auf die finanzielle Hilfe von außen angewiesen. Hilfreich ist dabei, dass Sach- und Geldspenden von der Steuer absetzbar sind – die Schönbrunner Tiergarten GmbH gehört gemäß § 4 Abs. 4 Z 5 lit. e EStG 1988 dem begünstigten Empfängerkreis von Spenden an.

Zahlreiche Firmen stellten sich bereits als Spender und Sponsoren ein.
Eine Aktion der »Kronen Zeitung« im Frühsommer 1992 brachte eine halbe Million Schilling für den Tiergarten.
Als erster Politiker half Niederösterreichs Landeshauptmann Erwin Pröll. Er brachte 200.000 Schilling und übernahm die Patenschaft für den Steinbock Erwin.
Bundesminister Wolfgang Schüssel überreichte ein Sparbuch anonymer Hietzinger Bürger mit 723.000 Schilling.
Kurz vor Weihnachten 1992 bescherte eine alte Dame, die anonym bleiben wollte, dem Zoo die bisher größte Spendensumme: eine Million Schilling!
Jedenfalls konnte man im Tiergarten Schönbrunn schon am Ende des ersten Jahres nach der Neuorganisation schöne Erfolge vorweisen. Die Zahl der Zoobesucher wuchs ständig. Bei den Jahreskarten gab es 1992 eine Steigerung um 185 Prozent. Der »Verein der Freunde des Tiergartens Schönbrunn« setzte zahlreiche Aktivitäten und konnte (und kann!) sich über immer mehr Mitglieder freuen. Dadurch war es möglich, zahlreiche Projekte zu fördern. Dem Tiergarten Schönbrunn konnte der Verein bis 1999 insgesamt elf Millionen Schilling übergeben.
Das erste große Bauvorhaben, das neue Kleinaffenhaus mit den beiden Inseln, wur-

Zuneigung von »höchster« Stelle: Der neue Zoodirektor Pechlaner und die Schönbrunner Giraffen verstanden einander sofort.
Als erster Politiker kam NÖ-Landeshauptmann Erwin Pröll und übernahm die Patenschaft für Steinbock Erwin.

de im Dezember 1992 eröffnet. Am 4. Dezember 1994 konnte seit Jahrzehnten der Millionste Besucher eines Jahres begrüßt werden. Im Jahr 1998 besuchten bereits 1,354.133 Tierfreunde den Tiergarten! Zum Vergleich: 1991, im letzten Jahr der Bundesverwaltung, wurden 726.631 Besucher registriert.

Die Eigenfinanzierung der laufenden Betriebskosten konnte von 30 Prozent im Jahre 1991 auf 86 Prozent im Jahre 1998 gesteigert werden. Gleichzeitig wurden neue Arbeitsplätze geschaffen: Die Zahl der fixen Personalstellen stieg von 85 im Jahr 1991 auf 111 im Jahr 1998 (in dieser Zahl sind die elf Lehrlinge enthalten).

Bei dieser glücklichen Entwicklung half auch der Bund kräftig mit, der zwischen 1992 und August 1999 immerhin 345 Millionen Schilling in Neu- und Umbauten investiert hat. Zusätzlich wurde die Infrastruktur erweitert und auf Ganzjahresbetrieb umgestellt. Dadurch ergibt sich für den gesamten Tiergarten eine jährliche Wertschöpfung von ca. 450 Millionen Schilling.

Obwohl der Denkmalschutz über die Erhaltung der alten Gebäude wachte, konnten alle Großprojekte planmäßig fertig gestellt, und gleichzeitig die Lebensbedingungen der Tiere verbessert werden. Dadurch wuchs auch das Ansehen des Schönbrunner Tiergartens, der heute zu den schönsten und besten Zoos der Welt zählt.

Helmut Pechlaner: »Mein Ziel ist es, einen Tiergarten der glücklichen Tiere zu leiten – um dieses Ziel zu erreichen, haben wir in den vergangenen Jahren sehr vieles bewegt und das meiste erreicht. Der Schönbrunner Tiergarten ist ein Fenster zur Natur – von hier aus soll es möglich sein, die Tiere in einem naturnahen Umfeld zu erleben, ihr Verhalten zu beobachten und ihnen nah zu sein.«

Ganz nah, durch Panzerglas und aus alten Käfigen können nun die Besucher die Tiere in den Freianlagen beobachten.

Das Tirolerhaus in Schönbrunn

In 3000 Einzelteilen zerlegt kam der Bauernhof nach Wien. Nach acht Monaten wurde er eröffnet. Das erste Kälbchen war ein Sonntagskind.

»Ich bin mir nicht sicher, was das für ein Tier ist, aber ich glaube, es ist ein Weißschwanzgnu«, sagte der etwa zehn Jahre alte Bub zu seinem jüngeren Begleiter. Die beiden Buben hatten Jahreskarten, waren Stammgäste im Tiergarten und kannten alle exotischen Tiere. Nun standen die beiden Stadtkinder im Stall des neu eröffneten Tirolerhofes und sahen zum ersten Mal eine Kuh. Es war ein Tuxer Rind; etwas kleiner als die meisten Kühe, dunkelbraun mit weißem Schwanz.
Die Vermutung, dass es sich hier um ein Weißschwanzgnu handelte, zeigt die gute Beobachtungsgabe der Buben und ihr Interesse an der Tierwelt. Gleichzeitig bewies ihr Irrtum aber auch, wie wichtig und richtig die Entscheidung von Helmut Pechlaner war, im Tiergarten Schönbrunn einen Bauernhof einzurichten, in dem vom Aussterben bedrohte Haustierrassen gezüchtet werden.
Helmut Pechlaner: »In Österreich sind – wegen der Rationalisierung in der Landwirtschaft – bereits weit über zwanzig Haustierrassen gefährdet. Diese Tiere sind

Erzherzog Johann und sein erstes Tirolerhaus aus 1802.

es wert, der Nachwelt erhalten zu bleiben, als Genreserve, aber auch als wertvolle Kulturgüter unseres Landes. Außerdem lernen die Kinder hier, dass Kühe nur in der Werbung lila sind.«
Auf dem Tirolerhof des Tiergartens sind neben dem Tuxer Rind auch das Oberinn-

Stimmung am Tirolerhof: Wenn es was zu feiern gibt, dann darf auch die Blasmusik nicht fehlen: Aufmarsch zur Eröffnung des Gasthauses Tirolergarten.

taler Grauvieh, das Montafoner Braunvieh, Brillenschafe, Tiroler Steinschafe, Tauernscheckenziegen, Pinzgauer Ziegen, Haubenenten, Sulmtaler Hühner, Noriker-Pferde in den Farbschlägen Mohrenkopf und Tigerschecken sowie Haflinger zu finden.

Das Tuxer Rind hat es übrigens mittlerweile geschafft: Um 1960 schien es, als könnte man dieses Rind nur noch ausgestopft im Museum besichtigen. Heute beträgt der Gesamtbestand wieder mehr als 260 Tiere.

Der Tirolerhof des Tiergartens stellt selbst ein wertvolles Kulturgut dar. Der 1722 erbaute Haidachhof aus Brandenberg bei Kufstein war einer der ältesten und schönsten Bauernhöfe Tirols. EU-Landwirtschaftskommissar Franz Fischler, damals noch Bundesminister für Land- und Forstwirtschaft, ermöglichte nicht nur die Ausweitung des Schönbrunner Tiergartens auf die Fläche des Tirolergartens, sondern auch die Übersiedlung des Haidachhofes nach

Willkommen am Tirolerhof im Tiergarten Schönbrunn! Ankunft von TV-Star Tobias Moretti, selbst Bio-Bauer, umgeben von Tuxer-Rindern.

Wien. Franz Fischler: »Der Hof stand zwar unter Denkmalschutz, aber als Wohn- und Wirtschaftshaus konnte er den Ansprüchen seiner Zeit nicht mehr genügen. Seine Überlebenschance war in Schönbrunn gegeben, wo Direktor Pechlaner und seine Mitarbeiter die Idee einer Übersiedlung des Haidachhofes in den Schönbrunner Tirolergarten mit Begeisterung aufgriffen.«
Dank vielfältiger Unterstützungen – von der Spende einer Bleischatulle bis zur Sponsorleistung von zwei Millionen Schilling – konnte die Idee verwirklicht werden. In 3000 Einzelteilen zerlegt, traf der Haidachhof in Wien ein. Am 14. September 1993 erfolgte der erste Spatenstich für das Fundament und acht Monate später, am 14. Mai 1994, die feierliche Eröffnung des sorgfältig und liebevoll restaurierten Gebäudes. Genau drei Monate später, am 14. August 1994, einem Sonntag, kam das erste Kälbchen auf die Welt: Die fünf Jahre alte

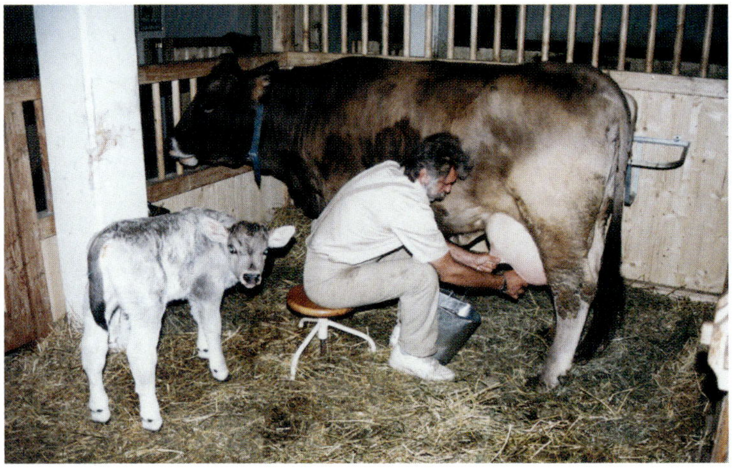

Montafoner Braunvieh-Kuh Bärbl bekam ein gesundes Stier-Kälbchen, das sofort energisch seine Umgebung erkundete. Von nun an sollte der »Kindersegen« auf dem Tirolerhof nicht mehr aufhören.

Mit der Errichtung des Tirolerhofes im ehemaligen Tirolergarten des Schönbrunner Schlossparks wurde eine der interessantesten Schöpfungen der österreichischen Kulturgeschichte neu belebt.

Die Gründung des naturbelassenen Areals im barocken Schlosspark geht auf Erzherzog Johann zurück, der hier im Jahre 1803 das erste Tirolerhaus errichtete. Es war umgeben von einem Alpengarten, der später in den Garten des Schlosses Belvedere übersiedelte, von Obstkulturen und einer kleinen Viehwirtschaft. Zur Betreuung wurden sogar echte Alpenhirten nach Wien geholt, die ihren Dienst in Tiroler Tracht ausführten und Alphornblasen können mussten.

Schauen, woher die Milch kommt: Am Tirolerhof kann man beim Melken zusehen.

Karl Heinz Köll aus Seefeld restaurierte und rekonstruierte die Fresken der Heiligenbilder.

1874 ließ Kaiser Franz Joseph für seine Frau, Kaiserin Elisabeth, ein weiteres Tirolerhaus – es war bei der Weltausstellung im Jahre 1873 im Prater in Wien zu sehen gewesen – im Tirolergarten errichten.

Nach dem Ende der Monarchie wurde es eines der beliebtesten Ausflugslokale von Wien, mit bis zu 6000 Besuchern am Tag. In den 70er-Jahren aber wurde das Haus abgetragen, der Tirolergarten geriet in Vergessenheit.

Erst mit der Errichtung des Tirolerhofes gewann dieser Bereich des Schönbrunner Parks seine Bedeutung und Attraktivität zurück. Jetzt fehlte nur noch ein attraktives und leistungsfähiges Restaurant. Universitätsdozent Geza Hajos vom Bundesdenkmalamt empfahl die Errichtung eines Hauses im Stil des ersten Tirolerhofes von 1803. Zum Glück fand sich im Historischen Museum der Stadt Wien ein aquarellierter

Kupferstich von Hieronymus Löschenkohl mit der »Ansicht von dem Tiroler Haus zu Schönbrunn« aus dem Jahre 1805.
Mit diesem Bild als Vorlage und Original-Bauplänen, die zum Glück erhalten geblieben waren, wurde das Tirolerhaus von Erzherzog Johann am Original-Standort neu errichtet und für Besucher als stimmungsvolle Gaststätte eingerichtet. Hauptsponsoren dieses ehrgeizigen Projekts waren die Firma Swarovski, die Firma Kallinger-Bau und die Tiroler Sparkasse.
Der feierliche erste Spatenstich erfolgte am 29. Juli 1996 durch Gernot Langes-Swarovski, Anton Kallinger-Prskawetz und Ernst Wunderbaldinger, gemeinsam mit dem Bezirksvorsteher von Hietzing, Heinrich Gersbach, und Helmut Pechlaner. Zur musikalischen Umrahmung reisten Kufsteiner Musikanten an.
Nach sieben Monaten Bauzeit war das Gebäude fertig. Von außen ist es dem historischen Vorbild nachempfunden. Im Inneren aber ist es auf drei Ebenen als attraktives Gasthaus eingerichtet. Es ist vom Tiergarten und vom Schlosspark aus zugänglich.
»Für die Holzteile wurden Bäume verwendet, die im Gebiet des nördlichen Wilden Kaisers am 21. und 22. Dezember 1995, also zum richtigen Zeitpunkt nach den überlieferten Regeln der Mondphasen, gefällt wurden«, erklärte Zimmermeister Taddäus Stöckl, der beim Holzfällen persönlich dabei war. Er hatte schon den Zimmermeister Herbert Bogner beim Wiederaufbau des Tirolerhofes aus Brandenberg geholfen. Nun errichtete er auch das Gasthaus Tirolergarten in Schönbrunn: Für die Befestigung der Außenwände wurden keine Schrauben benötigt. Nach historischer Bauweise kamen speziell angefertigte Lärchenholz-Dübel zum Einsatz. Alle Schnitzereien und Verzierungen wurden historischen Motiven nachempfunden und von Hand hergestellt.

Tierfilmer-Legende Heinz Sielmann war der erste Besucher am Tirolerhof: Verschollen geglaubte Drachenköpfe über den Fenstern und Heiligenfiguren, die wieder gefunden wurden, begeisterten ihn ebenso wie der Ringzaun, der nach alter Bergbauernmethode ohne Säge, Nagel oder Draht montiert wurde.

Nonja begrüßte in ihrem Atelier Niki Lauda und seine Marlene (unten) ebenso wie Kamerateams aus aller Welt.

Nonja Superstar: Geld für Zooausbau durch Bildverkäufe!

»Wir holen Signorina Nonja und ihre Begleitung mit dem Privat-Jet ab, nach der Sendung kann sie sofort wieder nach Wien zurückfliegen«, versprach die Dame von der italienischen Fernsehstation RAI-Uno. Groß war die Enttäuschung, als sie erfahren musste, dass Nonja Utan, die hoch talentierte Künstlerin aus der Familie Pongo pygmaeus, nur daheim im Tiergarten Schönbrunn empfängt. In Rom sollte die freundliche Orang-Utan-Dame mit ihren Bildern in einer eigenen Talkshow vorgestellt werden. Doch daraus wurde nichts. Tiergartendirektor Helmut Pechlaner wollte seinen Schützling weder dem Stress einer Reise noch der Hektik eines Fernsehstudios aussetzen. Dafür aber kamen über 200

Kein Zweifel: Nonja, die freundliche Orang-Utan-Dame aus Schönbrunn, hat Karriere als Malerin gemacht.

Fernseh-, Radio- und Printjournalisten aus aller Welt, um die Künstlerin in ihrem Atelier in Schönbrunn zu besuchen und über ihre Malerei zu berichten.
Das französische Magazin »Le Figaro« widmete ihr eine 16-seitige Reportage. Ein in Japan berühmter Künstler malte mit ihr, vor laufenden TV-Kameras, gemeinsam ein Bild.
Das britische »The European«-Magazin veranstaltete einen Wettbewerb, bei dem die Leser raten mussten, welches von drei Bildern von Georg Baselitz, Willem de Kooning oder Nonja gemalt worden war. Als ersten Preis gab es ein Werk von Nonja.
Ein Artikel erschien sogar in »The News« in Aruba, einer winzigen mittelamerikanischen Insel, und in Kanada eroberten Nonjas Malereien sogar die Titelseiten der Tageszeitungen.
In mehreren Ausstellungen in der CA-Galerie in Wien wurden ihre Gemälde vorgestellt und schon bei der Vernissage verkauft – zum Stückpreis zwischen 3.500 und 28.000 Schilling.
Dazu gab es noch

viele Ausstellungs-Kritiken, in denen Nonja-Werke als »interessant, abwechslungsreich, ausgeklügelt und scheinbar wissend gegenüber abstrakten Tendenzen« bezeichnet wurden.
Niki Lauda und seine Marlene besuchten Nonja in Schönbrunn und steigerten für ein Nonja-Bild bei »Licht ins Dunkel« mit.
Kinderbuch-Autor Thomas Brezina ist ein Nonja-Sammler der ersten Stunde, er dürfte die meisten Bilder besitzen.
Zwei der schönsten Nonja-Bilder wurden im November 1996 anlässlich einer Wohltätigkeitsgala im Regent Beverly Wilshire Hotel in Los Angeles zugunsten des Orang-Utan-Schutzes versteigert.
Nonjas Werke zieren die erste Kreditkarte des Wiener Cab-Charge Taxi-Unternehmens und eine Weinetikette des Weinguts Mad in Oggau im Burgenland. Der ORF dekorierte mit ihren Entwürfen sein Wiener Studio für eine tägliche Talksendung und während Österreichs EU-Präsidentschaft erhielten die Teilnehmer eine von Nonja gestaltete Krawatte.
Kein Zweifel, Nonja, die freundliche Orang-Utan-Dame aus Schönbrunn, hat Karriere als Malerin gemacht.
»Jedenfalls«, so Schönbrunns Tiergartendirektor Helmut Pechlaner, »hat Nonja mit ihren Bildern den Umbau des Affenhauses, ihres Ateliers, maßgeblich mitfinanziert.«
Die Eröffnung der neuen Freianlage war deshalb auch ein großes gesellschaftliches Ereignis. Der Platz um die neue Freianlage war überfüllt mit Menschen; zahllose Freunde der sympathischen Affendame waren gekommen, um mitzuerleben, wie die berühmte Orang-Utan-Dame ihr »Atelier Nonja« bezieht.
Als sie schließlich am Arm ihrer beiden Pfleger durch die Tür schritt, kannte der Jubel keine Grenzen. Das Gedränge der Fotografen und Kameraleute bekam Di-

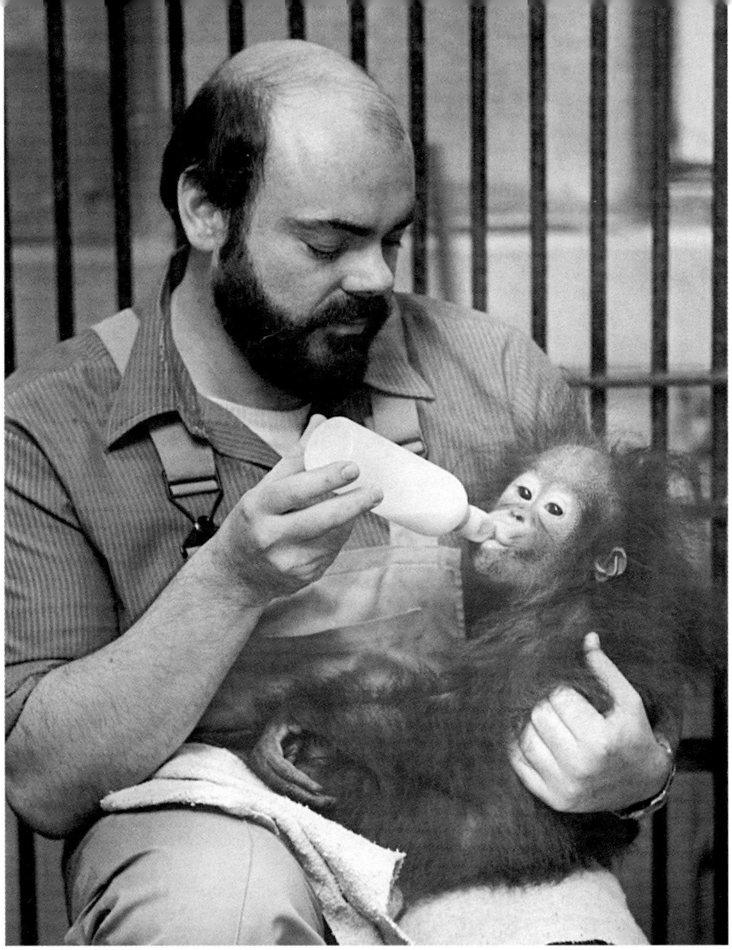

Aus Nonjas Fotoalbum: Das Flascherl vom Pfleger, Begegnung mit Kindern, auf der Schulter reiten und Spaziergang im Park.

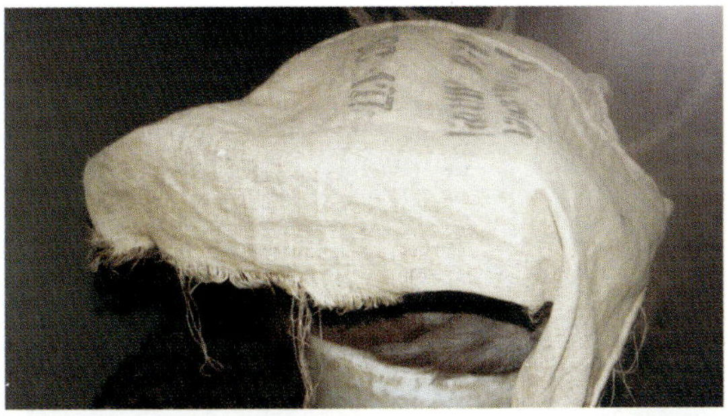

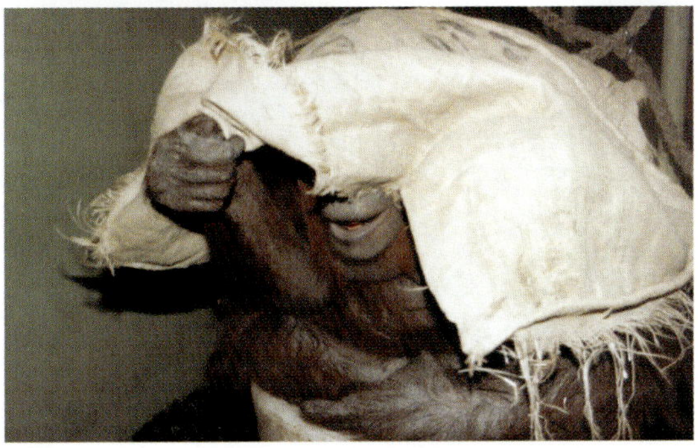

mensionen wie bei einem Staatsempfang. Durch die riesigen Glasscheiben konnten die Besucher alles genau beobachten. Nonja nahm den Trubel gelassen zur Kenntnis und stellte sich souverän, wie ein echter Star, dem öffentlichen Interesse.

Die offizielle Eröffnung des »Atelier Nonja« erfolgte durch Wilfried Seipl, den Generaldirektor des Kunsthistorischen Museums Wien, der selbst einen echten Nonja in seinem Büro hängen hat. Seipl sagte in einem ORF-Interview, dass ihn die Bilder der Orang-Utan-Dame an Nolde erinnerten und er ihre Bilder in einer eigenen Schau in seinem Museum präsentieren wolle.
Unter den zahlreichen prominenten Gästen waren neben Behördenvertretern auch so prominente »Nonja«-Fans wie Schauspieler Alfons Haider, der Nonja vor laufender Fernsehkamera küsste, Olympialegende Karl Schranz, ORF-Seniorenclub-Sekretär Willi Kralik, Starkarikaturist Erich Sokol, Grün-Abgeordnete Madeleine Petrovic und viele mehr.

Nonja, ein Kind aus Schönbrunn

Am 21. März 1976 wurde Nonja im Tiergarten Schönbrunn geboren. Ihre Eltern hießen Josephine und Napoleon. Josephine war eine fürsorgliche Mutter, hatte aber zur Aufzucht des Babys zu wenig Milch. Sie erlaubte aber, dass Nonja von ihren Pflegern mit der Milchflasche gefüttert wurde, während sie sich um die Erziehung kümmerte. So entstand ein freundliches Verhältnis mit Menschen, ohne dass Nonja ihre natürlichen Instinkte verlor.
Um die intelligente Nonja ausreichend zu unterhalten, wurde sie schon in früher Jugend spielerisch mit Papier und Bleistift vertraut gemacht. Im Herbst 1990 zeichnete Nonja mehrere Bilder für eine Ausstellung als Rahmenprogramm einer medizinischen Tagung in Hannover. Da ihr Malen und Zeichnen großen Spaß bereiteten, wurde die Malstunde als festes Spiel- und Beschäftigungsprogramm beibehalten.

Am liebsten macht Nonja Faxen für die Zoobesucher. Besonders beliebt ist das Versteckenspielen unter dem Leinensack.

Nonja malt auf Papierbögen oder Leinwänden mit Malwerkzeugen, die auch für Kleinkinder geeignet sind; Kinderfilzstifte, Kreide oder flüssige, ungiftige Lebensmittelfarben, weil Nonja manchmal auch den Farbtiegel austrinkt.

Sind die Bilder aus Nonjas Sicht fertig, malt sie nicht mehr weiter oder gibt das Bild zurück. Dann schlichtet sie die Malutensilien in eine dafür vorgesehene Schachtel und spült die Farbtiegel unter fließendem Wasser aus. Hat sie Farbe verschüttet, so wischt sie den Fußboden mit einem Tuch auf.

Nur einer in Schönbrunn ist über Nonjas Aktivitäten als Malerin nicht erfreut: ihr Gatte, Orang-Utan-Mann Wladimir. Er hält nichts von ihrer Kunst. Als man ihm einmal Malutensilien gab, zerriss er das Papier und zerbrach die Buntstifte. Er ist eifersüchtig und möchte seine Nonja immer bei sich haben. Wenn Nonja malt, muss sie aber von Vladimir getrennt werden. Das ärgert den gewaltigen Orang-Utan-Herrn sehr und er äußert seinen Unmut unüberhörbar. Wenn auch noch Siri, seine zweite Frau, nicht in der Nähe ist, weil sie das gemeinsame Baby »Jungli« in der Kinderstube betreut, dann muss Nonja eine künstlerische Pause einlegen und bei ihrem Mann bleiben.

Nonja mit Mag. Claudia Kment, Assistentin der Zooschule, die mit Nonjas Pflegern die künstlerischen Aktivitäten der Orang-Utan-Dame betreut: »Nonja mag keinen Stress, malt nur, wenn es ihr Spaß macht.«

Nonja als medizinische Weltpremiere

Nonjas vertrautem Umgang mit Menschen ist es auch zu verdanken, dass sie von einer üblen Hautkrankheit geheilt werden konnte und heute wieder ihr schönes dichtes Fell besitzt.

Es war im Dezember 1992, als Nonja plötzlich eine Entzündung der Haut bekam; Juckreiz quälte sie, ihre prächtigen roten Haare fielen aus, schmerzhafte Eiterungen bildeten sich. Zwei Jahre lang blieben alle Behandlungsversuche erfolglos.

Tierärztin Claudia Hochleitner: »Am Primatenzentrum in Göttingen stellte man schließlich anhand einer Hautprobe fest, dass Nonja an einer Infektion mit Dermatophilus-Bakterien litt, einer Krankheit, die bisher noch nie bei Menschenaffen festgestellt wurde.«

Da bisher alle Behandlungsmethoden ergebnislos waren, gestattete Tiergartendirektor Pechlaner ein ungewöhnliches Experiment, das weltweit noch in keinem Zoo versucht worden war: Nonja erhielt die erste Bioresonanz-Behandlung der Zoogeschichte. Betreut wurde sie von der praktischen »Menschen-Ärztin« Johanna Ramharter-Mrozowska, die mit dieser Methode bereits viele Jahre positive Erfahrungen hatte – bei Menschen. Aber wie würde das mit einem Orang-Utan-Weibchen werden; immerhin dauert jede Sitzung rund 45 Minuten! »Vor dem ersten Mal war mir nicht ganz wohl«, sagte die Ärztin.

Aber Nonja war sanft und nett. Geduldig ließ sie sich während insgesamt zwölf Sitzungen an die Elektroden der Bioresonanzmaschine anschließen; und während das Gerät die krankmachenden Schwingungen in ihrem Körper analysierte und bekämpfte, kaute Nonja vergnügt Erdnüsse, die ihr von den Pflegern gereicht wurden.

Die Behandlung war erfolgreich und im Sommer 1995 hatte Nonja wieder so prächtige Haare, als wären sie nie ausgefallen.

Es wird wohl immer eine offene Frage bleiben, ob das spezielle Antibiotikum oder die liebevolle Bioresonanz mehr geholfen hat.

Dr. Pechlaner: »Schon seit den späten fünfziger Jahren bietet man Menschenaffen, die sich nur in 1,5% der Gene von uns Menschen unterscheiden, die Möglichkeit zur Bereicherung ihres Alltags mit Malen und Zeichnen."

Forschung im Tiergarten: Technik hilft beim Schutz der Tiere, Verhaltensforschung bringt Verbesserung der Lebensqualität!

Zwischen den in der Wasserströmung sanft wiegenden Armen der Seeanemone schwamm ein kleiner orangefarbener Fisch mit breiten weißen Bauch- und Kopfbinden. Es handelte sich um einen Anemonenfisch aus dem tropischen Indopazifik.

Diese auch Clownfische genannten Riffbarsche leben fast alle in engster körperlicher Gemeinschaft mit Seeanemonen, denen sie auch Nahrungsbrocken mit nach Hause bringen. Bei Gefahr dürfen sich die kleinen Fische dann zwischen den Armen dieser Blumentiere verstecken.

Neben dem Aquarium sahen die staunenden Besucher eine ungewöhnliche Tafel mit der Aufschrift: »Nur Beklopfte klopfen gegen Scheiben«. Auch bei zwei weiteren Aquarien befanden sich solche Tafeln: »Scheibenklopfen tötet Fische« und »Bitte nicht klopfen« konnte man hier lesen.

Diese Tafeln gehörten zu einem Forschungsprogramm des Schönbrunner Tiergartens, bei dem der Einfluss von Geräuschen und Lärm auf Zootiere – verursacht durch Umwelt, Besucher und Haustechnik – untersucht werden sollte. Die Ergebnisse liefern Unterlagen für Um- und Neubauten.

Zu diesem Zweck wurde in Zusammenarbeit mit dem Zoologischen Institut der Universität Wien eine bioakustische Arbeitsgruppe mit eigenem Labor gegründet, das mit modernsten Aufnahme- und Analysegeräten, PC und Software ausgestattet ist. Langfristige Forschungsprogramme befassen sich mit der Sprache der Tiere, z. B. den akustischen Kommunikationen der Rüsselspringer, Kowaris und Hutiacongas. Aber auch die für Menschen unhörbare Infraschall-Sprache der Elefanten soll enträtselt werden.

Nahezu ständig sind Studentinnen und Studenten der Veterinärmedizinischen Universität Wien und des Instituts für Zoologie

Anemonenfisch

Harlekin-Süßlippe

Kuhkopfkofferfisch

Korallen-Wächter

Rotfeuerfisch

Piranhas

Im neuen Amazonastunnel spazieren die Besucher mitten durch die Fischschwärme.

Nilkrokodil

der Universität Wien im Tiergarten Schönbrunn unterwegs, um Praktikums- oder Diplomarbeiten durchzuführen. So gibt es bereits Arbeiten über die Tagesaktivitäten der Waldstörche, das Zusammenleben von Damara-Zebras und Elenantilopen, über das Sozialverhalten der Schneeziegen, den Tagesrhythmus der Grünen Meerkatzen, die Aktivitäten der Königspinguine und Felsenpinguine, das Spielverhalten von Keas und vieles mehr.

Auch die Raumnutzung der neuen Gehege wird wissenschaftlich analysiert. Erkenntnisse aus den Forschungsarbeiten werden sofort in Verbesserungen der Gehegeeinrichtung umgesetzt.

Krokodile sind die letzten lebenden Großsaurier: Im neuen Schönbrunner Krokodilpavillon leben sie mit Schmetterlingen, Vögeln und Seychellen-Schildkröten, den ältesten Tieren in Wien (rund 100 Jahre).

Seriema (links) und Seychellen-Schildkröte

Interessante Ergebnisse gibt es auch bei der bereits erwähnten Studie mit den drei Tafeln vor den Aquarien (»Einfluss von Störschall auf die Fischhaltung« – Wie wirkt sich das Scheibenklopfen durch die Zoobesucher auf das Verhalten bzw. Wohlbefinden der Aquarienfische aus?).

Zu diesem Zweck wurden Schau-Aquarien mit Hydrophonen (Unterwassermikrophonen) bestückt und die Häufigkeit des Klopfens an die Glasscheiben registriert.

Im Durchschnitt kam es pro hundert Besuchern zu 1,8 Klopfschlägen. Rekord war eine Serie von 72 Schlägen.

Um die akustische Beeinträchtigung der Aquarienbewohner zu vermindern, wurden die drei bereits erwähnten Verbotsschilder angebracht und die Reaktionen der Besucher verglichen: Das Schild mit der Aufschrift »Nur Beklopfte klopfen gegen Scheiben« reduzierte die Störungen um 90 Prozent. Das Schild »Scheibenklopfen tötet Fische« war weniger erfolgreich. An letzter Stelle lag das Schild »Bitte nicht klopfen«, das von den Besuchern beinahe ignoriert wurde.

Nilkrokodile über Wasser ...

... und unter Wasser.

Ritteranolis

Grüner Leguan

Riesengespenstfrösche

Brillen-Kaiman

Bartagame

Europäische Sumpfschildkröte

Ein Prosit auf die Zukunft: Die Schönbrunner Rauchfangkehrer sind besondere Glücksbringer: Sie tragen den Kaiseradler auf ihrer Gürtelschnalle. Das Privileg erteilte ihnen Maria Theresia, weil sie halfen, eine Verschwörung zu verhindern, deren Planung sie durch den Schornstein mithörten. Auch Elefanten sind anerkannte Glücksbringer und Sabi als werdende Mutter gilt da gleich doppelt. Da kann Tiergartendirektor Pechlaner bei seinen ehrgeizigen Plänen hoffnungsfroh in die Zukunft blicken.

Das Regenwaldprojekt

»Auf der ganzen Welt werden derzeit die Regenwälder abgeholzt und unwiederbringliche Lebensräume zerstört. Diese Entwicklung ist für uns alle gefährlich – aber kaum jemand nimmt Notiz davon. Der nächste Regenwald ist ja schließlich weit weg«, sagt Tiergartendirektor Pechlaner und holt deshalb unter dem Motto: »Bauen wir dem Regenwald eine Botschaft in Wien« ein Stück südostasiatischen Regenwald nach Schönbrunn.

In den baulich veralteten Bärenanlagen wird auf 1100m² Grundfläche auf zwei Ebenen ein Stück südostasiatischer Regenwald einziehen. Pechlaner: »Da es sich der Tiergarten zur Aufgabe gemacht hat, ein Zoo der glücklichen Tiere zu sein und insbesondere bedrohte Tierarten oder Lebensräume zu zeigen, um so zu ihrem Schutz und Erhalt beizutragen, ist die Entscheidung für dieses bisher größte und ehrgeizigste Projekt des Tiergartens gefallen.«

Das Regenwaldhaus wird in zwei Ebenen die Lebensvielfalt von der Mangroveküste bis zum Bergwald mit seiner vielfältigen Tier- und Pflanzenwelt zeigen. Pechlaner: »Die Besucher tauchen ein in die faszinierende Welt des Urwalds. Auf verschlungenen Pfaden, über kleine Hängebrücken, vorbei an Wasserfällen erlebt man die Tiere hautnah, da es keine Gitter wie bei herkömmlichen Gehegen geben wird. Nebelanlagen und Gewittersimulationen sorgen für die richtige Luftfeuchtigkeit und die authentische Atmospäre in dieser ‚Regenwald-Botschaft' mitten in Wien.«

Die Finanzierung des Gebäudes – eine spezielle, walzenförmige Glaskonstruktion über der heutigen Bärenanlage - trägt die Republik Österreich. Der Inhalt – also der Regenwald mit all seinen Tieren und Pflanzen – muss vom Tiergarten Schönbrunn selbst finanziert werden.

Dr. Pechlaner: »Je mehr Helfer sich für

DAS REGENWALDHAUS

HUMBOLDTPINGUINE
BRILLENBÄREN
NASENBÄREN
SERAUS

DIE AUSFÜHRUNGSPHASE

ARGE ARCHITEKTEN NEVERSAL UND EDELBACHER & HARTMANN

dieses zukunftsweisende Projekt finden, umso schöner und artenreicher kann der Wiener Regenwald gestaltet werden. Auch mit einem kleinen Beitrag kann man schon viel erreichen.«

Wer den Bau des Regenwaldhauses mit einer Spende ab 100,- öS unterstützt, wird ins »Buch der Gründer« eingetragen, das für alle Zeiten im Regenwaldhaus aufbewahrt wird. Ab 1000,- öS gibt es eine Dankes-Urkunde von Direktor Helmut Pechlaner und dazu eine Ehrenkarte für den Tiergarten. Ab 5.000,- öS eine Ehrenkarten für eine Familie (2 Erwachsene, 2 Kinder) und ab 10.000,- öS eine Jahreskarte für eine Person.

Das Spendenkonto:
PSK 90301300 – BLZ 60000
Schönbrunner Tiergarten G.m.b.H.,
1130 Wien
Infos gibt es beim Tiergarten
Telefon: +43/(0)1/877 92 94

Am 6. September 1999 erfolgte der Spatenstich zum Projekt Regenwaldhaus durch Vizekanzler und Außenminister Dr. Wolfgang Schüssel, Bundesminister Dr. Hannes Farnleitner und Tiergartendirektor Dr. Helmut Pechlaner.

Da »Stoffi« auf einem Grundstück der Gemeinde Wien gefunden wurde übernahm Stadtrat Svihalek die Patenschaft. Als »Botschafter der Wildnis« wurde »Stoffi« zum Symbol des erfolgreichen Bärenansiedlungsprogramms des WWF. »Stoffi« auf der Waage: Schon nach vier Wochen hat er mehr als 5 kg zugenommen.

Der Tiergarten als Auffangstation für verlassene, verwaiste oder beschlagnahmte Tiere

Die Elefantendame Tonga wurde aus einem Safaripark in Italien gerettet, wo sie unter elenden Bedingungen untergebracht war, und lebt nun glücklich in Schönbrunn. Ein verwaistes Eichhörnchen wurde »Schluck für Schluck« aufgepäppelt und dann in die Freiheit entlassen, ebenso erging es dem Turmfalken und dem Marder (Fotos rechte Seite). Immer wieder wird der Tiergarten zur Auffangstation für Tiere.

Prominentester Findling ist zweifellos der Ötscherbär »Stoffi«, der Ende Mai 1999, als vier Monate altes Baby, seine Mutter verlor und von Bauarbeitern in der Nähe von Mariazell gefunden wurde. Er wurde dem WWF übergeben und landete in Schönbrunn. Vom Pfleger liebevollst umsorgt, wuchs »Stoffi« bald zu einem kräftigen Bären heran.

Auch vom Zoll beschlagnahmte Tiere, zumeist Schildkröten oder Schlangen, für die Einfuhrverbote bestehen, landen immer wieder im Tiergarten, wo für sie liebevoll gesorgt wird, bis ein geeigneter Platz gefunden wurde

Eichhörnchen

Turmfalke

Marder

Auch ein verwaistes Känguruh-Baby wurde mit dem Flascherl aufgezogen und dabei wochenlang von der Ersatzmutter am Körper getragen.

Vom Zoll beschlagnahmte Schildkröten landeten im Tiergarten und wurden später zurück nach Griechenland in die Freiheit gebracht.

Flascherl für das sibirische Tigerbaby

Tierpfleger, ein Beruf, den man nicht lernen kann, aber muss.

Weiße Tiger

Was einen guten Tierpfleger ausmacht, kann man nicht lernen, dazu muss man geboren sein. Um den Beruf Tierpfleger ausüben zu dürfen, muss man allerdings drei Jahre zur Schule gehen.
Derzeit kann der Beruf »TierpflegerIn«« durch drei verschiedene Ausbildungswege erlernt werden: 1. Als Lehrberuf in einem Betrieb, 2. An der Tierpflegerschule, 3. Am Zweiten Bildungsweg.
Am Ende aller drei Ausbildungswege steht die Abschlussprüfung im Lehrberuf »TierpflegerIn« bei der Wirtschaftskammer. Derzeit sind Prüfungskommissionen in Wien, Salzburg und Innsbruck eingerichtet.

Die Wirtschaft entdeckt den Tiergarten Schönbrunn

Hurra, wir sind entdeckt! Die beiden fröhlichen Schönbrunner Bären haben Coca Cola als Pate gefunden und wurden gleich danach getauft. Coca Cola war eine der ersten Firmen, die den Tiergarten als Werbeträger entdeckten. Mittlerweile werden Bilder von den Wiener Coca-Cola-Bären sogar im Coca Cola-Museum in Las Vegas ausgestellt.

Immer mehr Firmen entdecken den Schönbrunner Tiergarten, mit mehr als 1,3 Millionen Besuchern jährlich, als idealen Werbeträger. Sie unterstützen damit die Tiere und können ihre Spende gleichzeitig von der Steuer absetzen.

Da freut sich nicht nur die Giraffe: Die Firma ADLER LACKE aus Tirol ist der treueste Sponsor. Sie stellt dem Schönbrunner Tiergarten seit 1992 die wasserverdünnbaren Umweltlacke zum Streichen der Gitter kostenlos zur Verfügung. Bis 1999 war das die unvorstellbare Menge von 15 Tonnen. Als Zuckerl gab es dazu noch gelbe Werbe-Regenschirme für die Zoobesucher.

Partner des Tiergartens – Sponsoren und Paten

Adler, Farben u. Lackwerke
ARWAG Holding AG
AUA Cargo
AUA
Bäckerei Schrott
Bally Schuhe
Bamberger Ges.m.b.H.
Bezirksvorstehung 13. Bezirk
Bezirksvorstehung 14. Bezirk
Böck – Obstbau
Brandstätter Bau Ges.m.b.H.
Bretschneider KG
Brau Union Österreich AG
BM f. Umwelt, Jugend und Familie
BM f. Unterricht und Kunst
BM f. wirtschaftliche Angelegenheiten
Buderus Austria
BUWOG
CA-BV
Camel Trophy
Casinos Austria
Club der innovativen Organisatoren
Coca Cola
Codico Ges.m.b.H. & Co. KG
DGS Druck
DIE ERSTE
Do & Co
Donauzentrum
Dungl Prof. Willi
EA Generali
Energie Comfort
ESSO
Galerie Jesina
Gerngross
Gothaer Versicherung
Gruböck & Gruböck, Notar
Grünes Kreuz
Hakle Hygiene
Herba
Immuno
Jettrans
Kallinger Bau
Kempter Zoohaus
Kleingärtner Zentralverband
Klenk und Meder
Kludi Armaturen
Künstlerfamilie Köll
Landis & Gyr
LGV Frischgemüse Wien
LOWE GGK
Lufthansa Cargo
Lufthansa
MA 33 und Stadtrat Svoboda
Mad Weinbau, Haus Marienberg
Manner Josef & Comp. AG
Marchfeldgemüse GmbH & Co. KG
Marktgemeinde Telfs
Maschinenring
Masterfoods Austria
Mayrberger Brezeln
Merkur Treuhand
Militärkommando Wien
Militärmusik Wien
Nivea
NOKIA Austria Ges.m.b.H.
NÖ Landesregierung
Nordsee
OBI
ÖGB Pensionsklub
Österreichische Lotterien
Oesterreichische Nationalbank
Österreichischer Kachelofenverband
Österreichischer Wirtschaftsbund
Oswald Mag. Gertrud, KG, Apotheke
ÖVEK Österr. Verband edler Katzen
Pelikan Austria GmbH
Pirmoser Zimmerei
Prokopp Ges.m.b.H.
Rebitsch Hermann, Tischlerei
Raiffeisen Zentralbank Österr. AG
RDS EDV
Robitschek Druckerei
Römerquelle
SAP
Schindler Aufzüge
SEFRA
Small Ges.m.b.H.
Steindl Glas
Steinmetz KR Alfred
Stöckl, Zimmerei GmbH & Co. KG
Swarovski D. & Co.
Tierhilfswerk Austria
Tierschutzaktion DER BLAUE KREIS
Tierschutzverein Kitzbühel
Tierschutzverein Vier Pfoten
Tiroler Landesregierung
Tiroler Sparkasse
UIP Filmverleih
UNPA
Postverwaltung der Vereinten Nationen
VANA Ges.m.b.H.
Wiener Städtische Versicherung
Wlaschek Karl Privatstiftung
Worldwide Brands
Zorzi Peter, Tiroleralm

... und weitere großzügige Sponsoren!

Ruhe, Entspannung, kein Stress: In einem Zoo haben die Tiere eine wesentlich höhere Lebenserwartung als in freier Wildbahn.

Felsenpinguine mit Jungen

Warum man den Tiergarten Schönbrunn auf Krankenschein verschreiben sollte

»Es war schrecklich«, erzählte der nette, ältere Herr bei der Jause im Kaiserpavillon des Tiergartens über die Zeit, bevor er regelmäßig die Tiere in Schönbrunn besuchte. »Das Essen schmeckte mir nicht, in der Nacht konnte ich nur schlecht schlafen, mein Kreislauf machte Probleme, es zwickte und zwackte an allen möglichen Stellen und manchmal hatte ich sogar Depressionen und Angstzustände.«
Der Arzt konnte nichts finden, hatte aber einen guten Rat: »Gehen Sie in den Tiergarten Schönbrunn. Da ist gute Luft und es gibt viel zu sehen. Am Freitag ist Seniorentag, da ist der Eintritt verbilligt.«
»Tiergärten sind doch was für Kinder«, war sein erster Gedanke; um seinem Arzt aber eine Freude zu machen, besuchte er am folgenden Freitag den Tiergarten Schönbrunn. Er hatte ihn schon seit 40 Jahren nicht mehr besucht.
Seither ist sein Leben »wie verwandelt«: Erst hatte er alte Kindheitserinnerungen aufgefrischt und war erfreut zu sehen, in welch attraktivem Zustand der Tiergarten war und wie glücklich die Tiere dort lebten. Dann war er immer weiter herumspaziert und hatte gar nicht bemerkt, dass er eine richtige Wanderung unternahm. »So viel bin ich seit Jahren nicht gegangen;

Flusspferd

Seehund

und keine Minute war mir langweilig.« In der darauf folgenden Nacht konnte er zum ersten Mal nach langer Zeit wieder tief und entspannt schlafen.
Bei diesem Besuch sollte es aber nicht bleiben. Längst hat er eine Jahreskarte erworben und kommt nun mehrmals in der Woche. Mit den Tieren hat er eine tiefe Freundschaft geschlossen: »Manche erkennen mich schon von weitem und kommen mir entgegen.«
Demnächst will er eine Tierpatenschaft übernehmen. Er ist sich aber noch nicht sicher, welchen seiner vielen Tierfreunde er auswählen soll; in der Direktion wird er Rat einholen.
Auch bei einer Abendführung war er schon mit Begeisterung dabei: »Am meisten freut mich, dass alle Beschäftigten im Tiergarten mit so viel Freude an der Arbeit sind, genau wie Direktor Pechlaner, der scheinbar überall gleichzeitig ist und trotzdem immer noch Zeit für ein paar freundliche Worte findet.«
Im Tiergartenshop hat er sich das »Tiergarten-Schönbrunn«-Buch gekauft (das ist die 1. Auflage dieses Buches) und kennt nun die faszinierende Geschichte des Tiergartens. Das macht einen Aufenthalt besonders spannend. Seine Kreislaufbeschwerden sind verschwunden: »Die Stiege hinauf zum Tirolerhof ist das beste Mittel gegen einen Herzinfarkt.« Depressionen und Angstzustände sind weg, das Zwicken und Zwacken stört kaum noch, das Essen schmeckt wieder: »Der Tiergarten Schönbrunn sollte auf Krankenschein verschrieben werden.«

Am Freitag ist Seniorentag im Tiergarten Schönbrunn, da ist der Eintritt verbilligt.

Was den Tieren schmeckt

Verbrauchszahlen 1998

Wiesenheu	242.313	kg
Kleeheu	25.245	kg
Stroh	48.540	kg
Silage	2.860	kg
Silageernte	66.400	kg
Obst	90.590	kg;
Äpfel	65.810	kg
Bananen	4.500	kg
Gemüse	134.393	kg
Karotten	113.750	kg
Salat	1.182	Steigen
Beeren	390	kg
Kokosnüsse	863	Stück
Eintagsküken	106.000	Stück
Rinderhälften	41.250	kg
Stangentopfen	1.300	kg
Eier	16.000	Stück
Babymilch	22	Liter
Sauermilch	79	Liter
Jogurt	1.537	Becher
Getreide	11.142	kg
Sämereien	1.456	kg
Kürbiskerne	1.075	kg
Pelletfuttermittel	111.790	kg
Rentiermoos	200	kg
Heimchen	600	Liter
Zophobas	300	Liter
Ratten	15.000	Stück
Jungmäuse	17.000	Stück
Mäuse	50.000	Stück
Kaninchen	7.000	Stück
Meerschweinchen	2.000	Stück
Süßwasserfische	5.796	kg
Salzwasserfische	21.794	kg
Dieselverbrauch	26.591	Liter

Bedarf an Süßmilch kommt von den Kühen und Ziegen des Tirolerhofes.
Laxenburg zweimal Ausfischen (insgesamt etwa 6.000 kg)

Die Tiere in Schönbrunn haben einen ausgezeichneten Appetit, wie die Verbrauchszahlen des Wirtschaftshofs zeigen. Der Eisbär in Schönbrunn bekommt Fische, die im Teich von Schloss Laxenburg heranwachsen.

Der größte Wasserfloh von Wien ist direkt neben dem Biotop des Schönbrunner Tiergartens zu sehen.

Die Zoopädagogische Abteilung

Der größte Wasserfloh von Wien, der Waldlehrpfad, die beliebten Tiergarten-Nachtführungen mit den Swarovski-Nachtsichtgläsern, Kinder-Geburtstagsfeiern im Tiergarten, Rätselrallyes, Face-Paintings, Mal-, Bastel- und Spielstationen bei Festen, die Betreuung der großen Tiergarten-Fachbibliothek, Schulungen und Seminare für Lehrer und noch viele andere Aktivitäten haben eines gemeinsam: Sie werden von der Zoopädagogischen Abteilung des Schönbrunner Tiergartens betreut oder durchgeführt.

Tiere, zeichnen nach der Natur – und dann mit Ton modellieren, darüber freuen sich die Kinder.

Clown Enrico (Heinz Zuba) mit Kamel, da gibt es sicher ein Fest für die Kinder im Tiergarten.

Frohe Feste – liebe Gäste

Der Tiergarten Schönbrunn wurde auch zum attraktiven Veranstaltungsort: Klassisches Ballett auf der Bühne vor dem Kaiserpavillon begeisterte die Besucher.

Prominente Gäste:

Der berühmte Herzchirurg und Naturfreund Dr. Christian Barnard holte Zuchttiere aus Schönbrunn für seinen Naturpark in Südafrika. Foto mit Dr.Rose Kern vom ORF und Dr. Pechlaner.

Die berühmte Schimpansenforscherin Jane Goodal besuchte Schönbrunn.

Sepp Forcher zu Gast bei Dr. Pechlaner am Tirolerhof.

Menschenmassen bei der Eröffnung des neuen Elefantenhauses.

30 Jahre Jumbo in Schönbrunn: Die Ballettschüler der Wiener Staatsoper und ihr Direktor Michael Birkmeyer bringen einen Riesenkorb mit Äpfeln.

So erreichen Sie den Tiergarten Schönbrunn

Tiergarten Schönbrunn
der älteste Zoo der Welt
Maxingstraße 3, A-1130 Wien
Tel. +43 /(0)1 / 877 92 94 - 0
Fax +43 /(0)1 / 877 96 41
http://www.zoovienna.at
email: office@zoovienna.at

SCHÖNBRUNNER TIERGARTEN

Die Leute, die den Tiergarten machen

Helmut Pechlaner,
Veterinärrat Dr. med. vet.
Geschäftsführer, wissenschaftlicher und kaufmännischer Direktor

Peter Linhart,
Direktionsassistent

Charlotte Deutsch,
Chefsekretärin

Gerhard Kasbauer,
Prokurist, Stv. Direktor, Finanzen, Verwaltung, Personal, Fund Raising

Iris Höllerer,
Sekretärin

Gerhard Mategka,
Fachoberinspektor, Elektronische Dokumentation

Martina Harbud,
Buchhaltung

Elisabeth Rathbauer,
Personalverrechnung und Kassen

Dagmar Schratter,
Dr. phil., Stellvertretende Direktorin, Zoologischer Kurator, Abteilung II

Harald Schwammer,
Dr. phil., Stellvertretender Direktor, Zoologischer Kurator, Abteilung I

Sabine Frühwirth,
Sekretärin

Ekkehard Wolff,
Dr. rer. nat., Zoologe, Dipl. Zoologischer Kurator, Aquarien und Terrarien

Heinrich Burger,
Veterinärrat Hofrat Dr. med. vet., Leiter der Tierärztlichen Abteilung

Gaby V. Schwammer,
Leiterin der Zoopädagogischen Abteilung

Claudia Kment,
Mag., Assistentin

Hanno Fürnwein,
Mag., Assistent

Barbara Sommersacher,
Mag., Abteilung Öffentlichkeitsarbeit und Veranstaltungen

Barbara Koch,
Assistentin

Hermann Fast,
Dipl.-Ing., Leiter der Abteilung für Logistik und Technik

Raili Kirchberger,
Dipl.-Ing., Futtermeisterin

Andreas Gadinger,
Ing., Betriebsassistent

Erlung Kohl,
Betriebsassistent

Thomas Voracek,
Dipl. Tzt., Tierarzt, Geschäftsführender Gesellschafter der Tierärztlichen Ordination Tiergarten Schönbrunn

Total ca. 115 Mitarbeiter

1 Hirscheber
2 Riesenschildkröten
3 Mandrillwald
4 Stachelschwein, Vortragsraum
5 Biergarten im Tiergarten
6 Flußpferd
7 Weißer Tiger
8 Informationskiosk: Freunde des Tiergartens Schönbrunn
9 Gepard
10 Sibirischer Tiger
11 Jaguar
12 Souvenir Shop
13 Braunbär „Stoffi"
14 Swarovski Crystal Zoo
15 Trampeltier
16 Kinderspielplatz
17 Pony- und Esel-Reitbahn
18 Przewalskipferd
19 Hauspferde, Feuchtbiotop
20 Bison
21 Zebramanguste
22 Esel, Shetlandpony
23 Streichelzoo
24 Halsbandpekari
25 Barasingha, Muntjak, Mandschurenkranich
26 Hauswasserbüffel
27 Pelikan, Kormoran, Weißstorch, Europäischer Kranich, Flamingo
28 Rentier
29 Asienanlage: Axishirsch, Hirschziegen- undNilgauantilope
30 Nutria (Sumpfbiber)
31 Lama
32 Gebirgswiederkäuer, Magot (Berberaffe)
33 Geier, Adler, Eulen
34 Manul
35 Serau
36 Schneeziege
37 Brillenbär und Syrischer Braunbär
38 Eisbär
39 Kleiner Panda, Fuchsmanguste, Urson
40 Mähnenrobbe, Seehund, Pinguine, Zwergotter, Waschbär
41 Affenhaus
42 Waldlehrpfad
43 Timberwolf
44 Europagarten
45 Bartkauz
46 Uhu
47 Bienenhaus
48 Luchs
49 Tiroler Bauernhof
50 Gasthaus Tirolergarten
51 Elefantenpark
52 Wirtschaftshofgelände (kein Zutritt)
53 Flugvolieren: Waldrapp, Wattvögel, Kea
54 Vogelhaus: Afrikanische Savanne, Südamerikanische Tropen
55 Nasenbär, Grüne Meerkatze, Erdmännchen
56 Papageienvolieren
57 Helmkasuar
58 Afrikaanlage: Zebra, Antilopen, Kronenkranich
59 Kaiserpavillon: Cafe-Restaurant
60 Freilandterrarien: Griech. Landschildkröte, Europ. Sumpfschildkröte
61 Zooschule
62 Tiergartendirektion
63 Vogelvolieren
64 Giraffe, Marabu, Hornrabe, Schwarzkopfschaf
65 Ameisenbär, Mara, Hutiaconga, Tschaja, Waldstorch
66 Vereinsbüro: Freunde des Tiergartens Schönbrunn
67 Kroko-Pavillon, Aquarien- und Terrarien
68 Souvenir Shop
69 Europ. Bienenfresser

Erste Hilfe
Wickeltisch
Toilette
Behindertentoilette
Telefon

LAXENBURG
GLORIETTE
RÖMISCHE RUINE
NEPTUNBRUNNEN
SCHLOSS
SCHÖNBRUNN
ORANGERIE

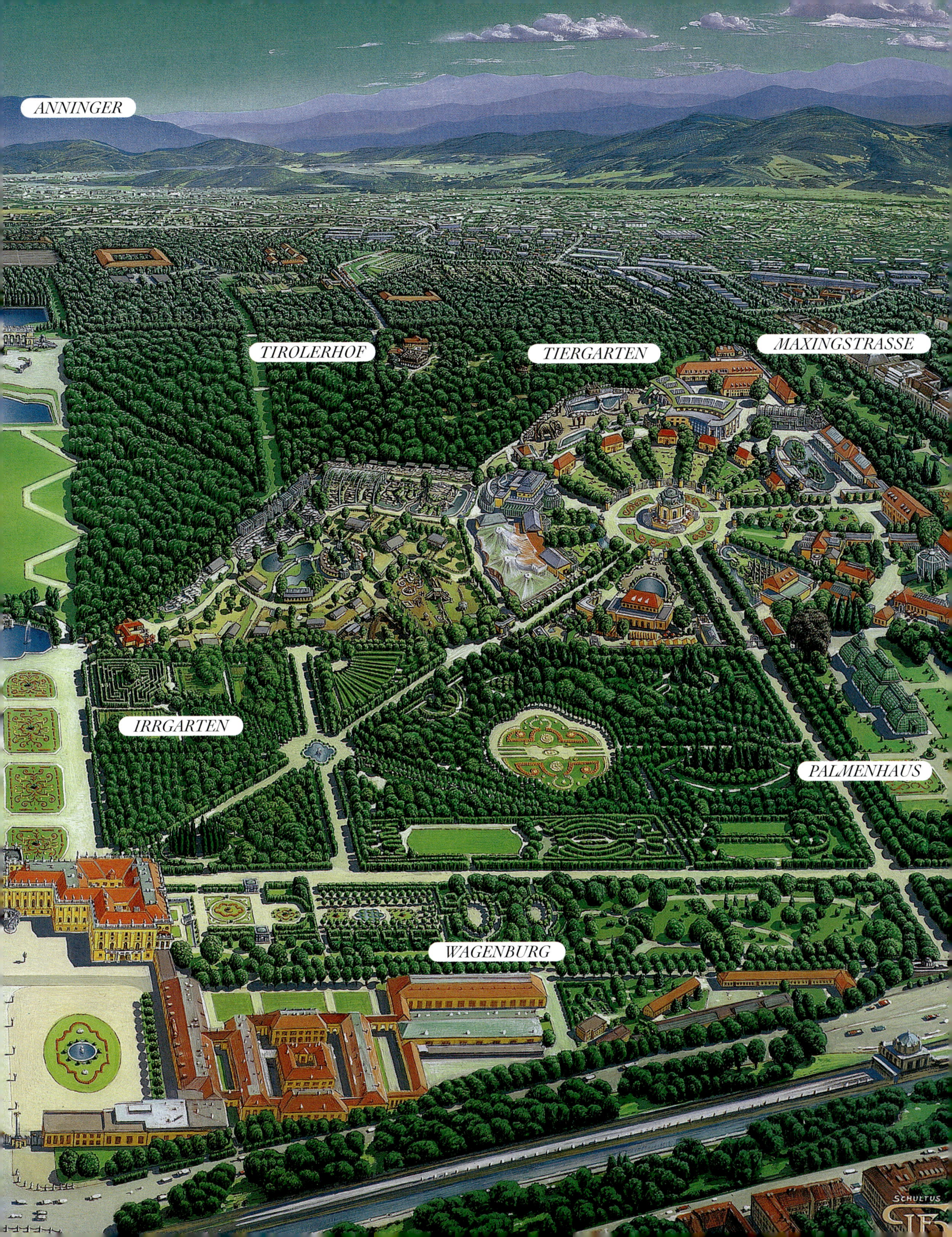
ANNINGER
TIROLERHOF
TIERGARTEN
MAXINGSTRASSE
IRRGARTEN
PALMENHAUS
WAGENBURG
SCHULTUS

Tiergarten Schönbrunn im Zeitraffer

1452 **1. TIERGARTEN:** im Wiener Stadtgraben (bis 1462).
1542 Tierhaltung auf der Burgbastei (bis 1574).
1552 **1. ELEFANT** in Wien.
1. MENAGERIE: im Schloss Ebersdorf (bis 1607).
1564 Teil der Menagerie übersiedelt ins Schloss Neugebäude (bis 1781).
1569 Kaiser Maximilian II. kauft die Katterburg (Vorgängerbau des Schlosses Schönbrunn).
1570 Tiergarten für Jagd bei der Katterburg.
1642 Erstmals ist der Name **SCHÖNBRUNN** urkundlich nachweisbar.
1716 **BELVEDERE: MENAGERIE DES PRINZEN EUGEN** (bis 1752).
1752 **TIERGARTEN SCHÖNBRUNN** als **MENAGERIE** eröffnet.
31. Juli 1752: Der Kaiser und Menageriegründer Franz I. Stephan von Lothringen führt erstmals Besucher durch seine aus eigenem Geld erbaute Menagerie.
1759 **DER PAVILLON** in der Mitte der Menagerie wird sieben Jahre nach der Eröffnung der Menagerie fertig gestellt.
1779 Die Menagerie Schönbrunn wird für die Wiener Bevölkerung bei freiem Eintritt geöffnet.
1802 Erzherzog Johann erbaut das **TIROLERHAUS** und gründet den Schönbrunner Tirolergarten.
1828 **1. GIRAFFE** in Wien. Ankunft am 7. August 1828.
1889 Die gelben Mauern in der Menagerie werden demoliert.
1895 **KAMMERMEIEREI** wird errichtet.
1906 **1. ZOOGEBURT EINES ELEFANTEN** in Wien am 14. Juli 1906.
1921 Tiergarten soll aufgelassen werden: Gerettet durch erfolgreiche Sammelaktion der Wiener.
1926 Namensänderung: Tiergarten statt Menagerie.
Große Greifvogelvoliere wird gebaut (1926/27).
1945 Bomben auf Schönbrunn am 19. und 21. Februar 1945:
Großer Schaden an Tieren und Gebäuden.
Nach dem Krieg verköstigt die Rote Armee die Tiere.
1959 **AQUARIEN-** und **TERRARIENHAUS** wird eröffnet.
1972 Tiergarten in Not.
1987 Proteste gegen Tiergarten.
1991 Tiergarten Schönbrunn wird aus Bundesverwaltung entlassen und wird eigene »Schönbrunner Tiergarten GmbH«.
Unterzeichnung des Gesellschaftervertrages am Freitag, dem 13. 12. 1991.
1992 Dr. **PECHLANER** übernimmt die Leitung des Tiergartens.
1993 1. Neubau: Kleinaffenhaus und Teichinseln.
Spatenstich Tirolerhof am 14. September 1993.

1994 **TIROLERHOF**-Eröffnung am 14. Mai 1994.
Europagarten im Tiergarten am 1. Juni 1994 eröffnet.
Spatenstich für Elefantenpark und Wirtschaftshof am 26. August 1994.
GROSSKATZENANLAGE-Eröffnung: 26. September 1994:
Einmillionster Besucher am 4. Dezember 1994.
Rentierschlittenpost am 6. Dezember 1994.

1995 Orang-Utan-Dame »Nonja« wird als Malerin international bekannt.
Tiergarten Schönbrunn als erster europäischer Zoo im Internet.
1. Patenschaftstag im Tiergarten.
Wolfsgehege im Wald unterhalb des Tirolerhofes eröffnet.

1996 Flusspferdbulle **ALI** – Österreichs Superstar der Werbung – feiert 30. Geburtstag.
Gottfried Kumpf gestaltet großen Bronzelöwen für Tiergarten.
Orang-Utans bekommen neue Freianlage.
ELEFANTENPARK-Eröffnung am 4. September 1996.

1997 Tiergarten Schönbrunn in **WELTERBELISTE** der UNESCO aufgenommen.
GASTHAUS TIROLERGARTEN-Eröffnung: 22. März 1997.

1998 Historische Greifvogelvoliere wird Waldrapp- und Kea-Anlage. Eröffnung 4. Juni.
VOGELHAUS-Wiedereröffnung am 10. September 1998.
Waldlehrpfad-Eröffnung am 16. September 1998.

1999 Tierärztliche Ordination Tiergarten Schönbrunn. Eröffnung am 1. Juli 1999.
»Wild Republic« Tiergartenshop-Eröffnung am 4. September 1999.
Spatenstich für Regenwaldhaus am 6. September 1999.
Neuer **KROKODILPAVILLON**–Eröffnung am 10. 11. 1999

2000 **NEUES AQUARIEN- UND TERRARIENHAUS.**

2002 **250 JAHRE TIERGARTEN SCHÖNBRUNN.**

Die bisherigen Leiter des Schönbrunner Tiergartens

1752 – 1781	Adrian van Steckhoven
1781 – 1789	Pangraz Nürnberger
1789 – 1790	Richard van der Schot
1790 – 1828	Franz Boos
1828 – 1839	Franz Bredemeyer
1839 – 1845	Philipp Welle
1845 – 1865	Heinrich Schott
1865 – 1879	Alexander Schön
1879 – 1919	Alois Kraus
1919 – 1925	Karl Müller
1925 – 1945	Otto Antonius
1945 – 1952	Julius Brachetka
1952 – 1956	Josef Glaser
1956 – 1988	Walter Fiedler
1988 – 1991	Fritz Böck
ab 1992	Helmut Pechlaner

Wolf

Pandabär

Flusspferd

Der Verein der Freunde des Tiergartens Schönbrunn hat den Zweck, den Tiergarten Schönbrunn in jeder Weise zu fördern sowie auf dem Gebiet des Bildungswesens tätig zu sein.
Er bietet seinen Mitgliedern

- eine kostenlose Jahreseintrittskarte
- Sonderführungen, Vorträge
- Zooreisen
- kostenlose Zusendung des »Tiergarten-Journals«
- ermäßigten Eintritt im Tiergarten Salzburg und im Tierpark Hellabrunn-München.

Adresse:
Verein der Freunde des Tiergartens Schönbrunn
Maxingstraße 13b
A-1130 Wien
Tel.: +43 (1)/877 92 94 -218

Syrischer Braunbär

Manulkatze

Afrikanische Elefanten

Fuchsmangusten

Kahnschnabel

Am Tirolerhof

Schabrackenschakal

Ameisenbär

Seehund

Auf Wiedersehen im
Tiergarten Schönbrunn